普通高等学校“十三五”规划教材

软件项目管理

宁 涛 金 花 主 编

王立娟 秦 放
蔡睿妍 张振琳 副主编

中国铁道出版社有限公司

CHINA RAILWAY PUBLISHING HOUSE CO., LTD.

内 容 简 介

本书是以项目为核心、以案例为驱动的项目管理课程教材。全书从项目管理的角度，依据软件项目的生命期逐一分析了软件项目开发的各个环节，并附有具体的实际案例文档。全书主要内容包括：项目集成管理、项目范围管理、项目成本管理、项目时间管理、项目质量管理、项目人力资源管理、项目沟通管理、项目风险管理以及项目采购管理，同时增加了车间调度管理系统开发和监理项目的投标书实例。

本书适合作为普通高等院校软件工程、软件开发、计算机应用等相关专业的教材，也可作为软件项目管理人员和软件开发人员的自学用书。

图书在版编目（CIP）数据

软件项目管理/宁涛，金花主编．—北京：中国铁道出版社，2016.2（2020.1重印）

普通高等学校“十三五”规划教材

ISBN 978-7-113-21464-7

Ⅰ．①软… Ⅱ．①宁… ②金… Ⅲ．①软件开发－项目管理－高等学校－教材 Ⅳ．①TP311.52

中国版本图书馆CIP数据核字（2016）第027731号

书　　名： 软件项目管理
作　　者： 宁　涛　金　花　主编

策　　划： 李志国　　　　**读者热线：**（010）63550836
责任编辑： 许　璐
编辑助理： 杜　茜
封面设计： 刘　颖
封面制作： 白　雪
责任校对： 汤淑梅
责任印制： 郭向伟

出版发行： 中国铁道出版社有限公司（100054，北京市西城区右安门西街8号）
网　　址： http://www.tdpress.com/51eds/
印　　刷： 三河市航远印刷有限公司
版　　次： 2016年2月第1版　　2020年1月第3次印刷
开　　本： 787mm×1092mm　1/16　**印张：** 8.25　**字数：** 188千
书　　号： ISBN 978-7-113-21464-7
定　　价： 26.00元

前言

FOREWORD

随着信息技术的飞速发展，科学的软件项目管理方法越来越重要。软件项目管理方法的得当与否直接关系产品开发的成败。正是在这种背景下，作者总结了一线教师多年的教学经验和开发实际项目的心得，在结合学生特点和需求的基础上，编写完成了本书。本书主要依据生命期主线讲述了软件项目管理开发过程的方法和管理计划。

软件项目管理是大连交通大学软件工程专业、计算机应用专业和数字媒体技术专业学生的必修课程之一，充分考虑了应用型本科学生的培养目标和教学特点，由浅入深地介绍了软件项目管理的基本概念和实用性分析规划方法。本书参考了国内外多所本科院校的教材内容，结合作者所在学校学生的实际情况和教学经验，有针对性地进行了内容上的改编和实践部分的扩充，这使得本书更适用于作者所在学校本科学生的特点，有很好的实用性和扩展性。在编写过程中力求符号统一、图表准确、语言通俗易懂、结构清晰。

本书由宁涛、金花任主编，王立娟、秦放、蔡睿妍、张振琳任副主编。各章编写分工如下：1、2、3 章由宁涛编写；4、5、6 章由金花编写；9、10 章由蔡睿妍编写；11 章由张振琳编写；12 章由王立娟编写；7、8 章由秦放编写。

本书适合作为普通高等院校计算机软件专业、软件工程专业等相关专业的教材，也可作为软件项目管理人员和软件开发人员的自学用书。

由于编者水平所限，书中难免有疏漏和不妥之处，恳请广大读者批评指正，以便修订时改进。

编　者

2015 年 12 月

CONTENTS

目录

第1章 概 述

1.1 项 目

现实世界的社会生产中的项目形式是多种多样的。尽管有的研究将建造巴比伦通天塔（tower of babel）或者金字塔的工作认为是最早的“项目”之一，但是史前穴居人收集材料加工猛犸象肉的活动是近年来获得认可的最早的项目。公认的是，建造巨石水坝（boulder dam）和爱迪生发明电灯泡的工作无论从何种意义上说都是属于项目的。就项目管理而言，人们通常认为现代项目管理是以曼哈顿计划为开端的。早期的项目管理主要用于复杂的大型研究开发（research and development），比如阿特拉斯洲际导弹和其他一些类似的军事武器系统。大规模的建设计划也都按照项目的方式进行组织——如建造水坝、轮船、精炼厂、高速公路等。

随着项目管理技术的日益发展，项目型组织的应用也开始得到推广。私有建筑公司发现，项目型组织对于一些小型的工程，如建造仓库或公寓等工程很有助益。汽车公司在开发新车型的工作中也使用项目型组织。通用电气公司（General Electric）和普拉特·惠特尼公司（Pratt & Whitney）都使用项目型组织来开发新的喷气式飞机引擎。美国空军也是如此。最近，很多跨国公司也开始运用项目管理方法，尤其那些提供服务的跨国公司，它们在这方面的发展比那些生产产品的跨国公司更为迅速。广告运动、全球化合并以及资本兼并通常都以项目的方式进行处理，这些方法还进一步渗透到了那些非营利性的领域。朋友小聚、结婚典礼、募集资金、竞选活动、社交聚会等都使用了项目管理的方法，其中对项目管理技术的应用发展最为迅猛。

1.1.1 项目定义

在任何组织中，每天都有许多活动要执行。其中大多数活动是相互联系的活动组合。这些类型又分为两类：运营和项目。运营就是一个持续进行的且重复的任务组，而项目有其生命周期——从开始到结束。

项目管理协会将项目定义为“为创造独特的产品或服务而进行的一种临时性的工作”。

项目的特点：

（1）临时性。项目的临时性是指每个项目都有其确定的开始和结束。一个项目可以以一种或两种可能的途径结束。

① 项目已经实现了它的目标，即已经创建了计划要完成的独特产品。

② 无论什么原因，在圆满完成任务之前项目已被停止。

项目的临时性也可以应用于其他两个方面：

① 项目创造出产品的市场机遇是临时的，也就是产品必须在限定的时间内创造出来，否则就太迟。

② 项目团队是临时的，也就是项目结束后项目组就会解散，而且项目成员可能会被分配到其他项目中。

但项目的临时性并不代表创造的产品具有临时性。项目可以产生一些长期的产品，如泰姬陵、埃菲尔铁塔和因特网。

（2）独特性。项目成果必须是独特的产品、服务或结果。

① 产品。产品是有形的、可度量的物件，既可以是最终产品，也可以是产品的组成部分。客厅当中的大屏幕电视、戴在手腕上的瑞士手表和桌子上的葡萄酒瓶都是产品。

② 服务。当我们说项目可以创建服务时，实际上也就意味着可以执行服务的能力。例如，为银行创建一个可以在线结算的网站是一个项目，事实上也就创建了可以提供在线银行服务的能力。

③ 结果。通常是项目与知识相关的成果，例如，在一个研究性项目中执行的分析结果。

一般将产品、服务或结果统称为产品。

1.1.2 项目和运营的区别

一个组织为了实现其目标要执行许多活动，这些活动也是其工作的一部分。这些活动有些是支持项目的，而有些是支持运营的。运营就是一系列不能作为项目的任务。也就是说，运营是执行持续任务的功能：它不能产生独特的（新的）产品；它也没有开始和结束。例如，把数据中心放在一起就是一个项目，但是把数据中心放在一起之后，维持并运营它就是一个运营。

项目和运营的共同点是：

（1）都需要有包括人力资源（人）在内的资源。

（2）都严格地受到资源限制，与无限制的情况截然不同。

（3）都要被管理，即需要进行计划、执行和控制。

（4）都有要达到的目标。

项目和运营的不同点是由于坚持项目定义中的两点：临时性和独特性而造成的。虽然项目和运营都有目标，项目在其目标达成后就会结束，而运营是在实现当前的一系列目标后，还会继续去实现一组新的目标。表 1-1 就是一些项目的例子。

表 1-1 项目的例子

项目	成果（产品、服务或结果）
建造泰姬陵	产品
组织一场选举活动	结果：获胜或失败；产品：文档
开发一个提供在线数字音乐的网站	服务
在零售商店建立一个无线射频识别系统	服务
把计算机网络从一个建筑移到另一个建筑	结果：网络被移动
研究某某大学教授的基因	结果：研究成果；产品：研究论文

项目也许会在组织的不同层级上执行，组织的层级在规模上是不同的，可能只涉及一个人，也可能涉及一组人员。

一个项目可以遗留下一个运营。例如，建造泰姬陵是一个项目，然而对每天来参观的旅游者来说就是一个运营。

项目最初是从哪里来的呢？也就是说，我们怎样才能提出一个项目呢？当然，对产品和结果的最终概念，你肯定有自己的想法，但是，怎样才能把这种想法准确地写出来或者表达出来呢？这就是项目吗？项目是用一个称为渐近明细的过程产生并发展的。

1.1.3 项目的分类

项目最为基本也是最为显著的特征就是其新颖性，履行项目就好像是逐步走入一个未知且充满风险与不确定性的世界的过程。世界上没有任何两个项目是完全相同的，即便是一个重复进行的项目也一定会在商业、管理或者物理特性等一个或几个方面与原来的项目有所不同。项目分类如下：

1. 土木工程、建筑、石化、矿业开采等领域的项目

这些项目是人们一提起工业项目脑海就会立刻闪现的那些项目种类，它们的共同特征是：其必须在一个特定的地点实施，而且履行地往往距项目承包商公司的总部很远。

这几类项目往往会引发特定的风险，并会给实施项目的公司带来一定的问题。它们常常需要巨额资金的投入，需要公司对其实施过程、财务状况和完工质量等方面进行严格的管理。

这些规模巨大的项目所耗费的金钱和其他资源的数目也十分可观，由此所产生的项目风险对于单个承包商而言是十分巨大的，所以这种项目往往是由多家公司共同完成的。而且，这些项目还需要来自不同领域的技术与营销专家之间的相互配合工作才能够顺利实施，所以在项目进展过程中的组织和交流工作很可能会由此而显得略微复杂。一般来讲，这些项目的资金筹集工作和项目管理工作很可能需要通过若干承包公司以联营或合资等方式组建新企业的方式才能完成。

2. 制造项目

制造项目的目标是制造诸如机械设备、轮船、飞机、运输工具或者其他预先设计好的特定产品，其可能是应某特定顾客之要求而进行制造的产品，也可能是某公司为了日后在市场上大批量生产和销售而出资在企业内部进行研究和开发的产品。

制造项目往往是在生产部门或者公司的其他机构中实施的，因为这样公司可以实时地对项目进行管理，并且可以为项目提供最好的实施环境。

当然这种理想的条件并不总是能够得到满足，有的项目不得不在远离公司总部的地点实施，如安装、建造、调试、客户培训、售后服务和维修等项目工作可能在承包公司总部之外的地点履行。至于那种复杂的制造项目执行起来则更加困难，此类项目一般都是由多家公司进行联营而实施的，而且很可能会是一种跨越国界的项目，因此这类项目在风险、合同签订、联络沟通、协调控制等方面都会存在许多问题。

3. 管理项目

这类项目的存在证明任何一家公司无论其规模大小，其在经营期间都至少会有一次机会需要用到管理方面的专业知识。管理项目往往会在公司需要管理和协调其业务活动的情况下出现，而这类项目所涉及的业务活动一般而言也不是什么生产硬件设施或修建建筑物这样的事情，而常常是诸如公司总部搬迁、新计算机系统的开发与引进、展览会的筹备工作、展览会场展台的搭建、可行性研究报告或其他报告的撰写工作和公司的重组等这样的活动。

4. 研究项目

纯粹的研究项目需要耗费大量的时间与金钱，其往往也会产生令人难以想象的价值回报。可有的时候，这样的项目也可能会成为金钱和资源的无底洞，不能为项目的投入带回一丝回报。研究项目的风险性是在所有项目种类中最高的，这是因为此类项目的目标是对人类现有的知识领域进行拓展。但与其他项目不同的是，人们往往很难或者根本不可能对研究项目的最终目标给出一个确切的定义，那些通常可以应用于工业项目或者管理项目之中的项目管理方法对于项目而言也常常难以奏效。

要想对研究项目进行管理，人们需要尝试不同的控制手段，而且必须对研究项目的资金进行预算。通过定期对项目进行管理评价、审慎和有所控制地进行分期拨付研究款项等方式，研究项目的开销是能够被控制在一定范围之内的。

尽管研究活动本身并不是项目计划和控制方法所能左右的，但是，那些为研究提供必要的工作场所、通信设施、仪器装备和研究材料等活动却是可以构成一个资本性投资项目的，对于这样的项目，一般的项目管理手段就能够而且必须应用于其上了。

1.2 项 目 管 理

1.2.1 项目管理的定义

项目管理是一定的主体，为了实现其目标，利用各种有效的手段，对执行中的项目周期各阶段工作进行计划、组织、协调、指挥、控制，以取得良好经济效益的各项活动的总和。

项目管理是在人们对工商业项目中复杂多变的各种作业活动进行计划、协调与控制的过程中发展起来的。

显然，人工建造的项目对人而言并不算什么新鲜事物，例如那些人类古文明史中遗留下来的纪念物，人们一直认为那是以我们祖先的能力所不可能完成的壮举，至今这些建筑物还依然为人们保留着无尽的遐想空间。现代人类社会中的有些项目和历史上的这些遗留物相比并不一定会具有更大的规模，这是由于现代项目人们应用了更为先进的科学技术。但是，在现代工业社会中，项目承包商之间的竞争、企业对高水准高质量员工的追逐等这些因素共同导致了项目管理中所应用的技术手段的创新与发展。

所有的项目都拥有一个共同特征，即将观念与行动统一到实际的工作中来。项目中风险和不确定性因素的永恒存在意味着，人们将无法完全准确地预测出究竟哪些事件或活动能够有助于项目的最终完成。对于那些十分复杂和工艺先进的项目而言，就连项目是否能够顺利完成本身都可能会是一个未知数。

项目管理的目的在于尽可能全面地预测出在项目实施过程中可能会出现的问题与风险，并对项目中的作业活动进行计划、组织和控制，以便在风险很小的情况下尽可能成功地完成项目。项目管理工作在项目所需的一切资源就位之前就已经开始了，而且必须贯穿整个项目工作，直至项目结束。项目最终的执行结果必须在预先计划的时间进度之内，在最初的财务及其资源的预算之中，以符合项目发起人或者购买者的要求。

项目管理在方法上取得长足的进步是在20世纪的下半叶,这种发展实际上与那些急性子的项目发起人在客观上所起的激励作用有很大关系。世界各国在武器和防御系统上的争霸对于推动复杂管理手段的发展起到了至关重要的作用。此外，由于功能强劲、性能可靠而且价格便宜的电子计算机的普及，项目管理方法的发展进程得以大大加快。项目管理活动由于适当地引入了先进的技术和设备从而变得更有效率，从这个意义上讲，项目管理可以说是管理学领域中的一个专业化很强的分支。

显然，项目中的所有活动和资源都必须接受计划和控制，因而项目经理需要了解不同的员工是如何工作的，以便对他们的技能、工作方法、工作中存在的问题、优点和缺点等进行一个客观的评价，这就需要项目经理具有总体上的把握能力。所以，从实践的意义而言，项目管理和综合管理是密切相关的。

1.2.2 项目干系人

从你一开始涉及某个项目的时候，就会遇到一群非常特殊的人，这些人称为项目干系人。确定这些人和组织并始终与他们有效合作，对项目的成功至关重要。

项目干系人就是其利益受项目的执行和完成所影响（积极的或消极的）的个人或组织。也就是说，项目干系人会从项目当中获得或失去某种东西。因此，项目干系人分为积极的项目干系人和消极的项目干系人。积极的项目干系人乐于看到项目的成功，而如果项目拖延或被取消，消极的项目干系人的利益将会得到更好的保护。例如，如果在大连开一家沃尔玛超市，市长可能就是这个项目的积极干系人，因为这样会拉动城市的商业发展；而附近的商户就会认为这是对他们自身商业利益的威胁，因此，商户就是消极的项目干系人。

消极的项目干系人常常会被项目经理和项目团队忽视，这样就会增加项目的风险。忽视积极的项目干系人或消极的项目干系人都会对项目造成损害。因此，尽早识别项目干系人是至关重要的。不同的项目干系人对同一个项目会有不同的甚至是互相冲突的期望，对此必须进行分析和管理。

下面介绍比较明显的项目干系人。

（1）项目经理。把项目经理放在项目干系人列表的开头。

（2）项目发起人。为项目提供资金来源的个人或团体。

（3）执行组织。其成员正在做项目相关工作的组织就是项目干系人组织。

（4）项目管理团队。与项目管理工作有关的项目团队成员。

（5）项目团队成员。实际执行项目工作的项目团队成员也属于项目干系人。

（6）客户/用户。包括项目为其服务的个人或组织，以及项目成功完成后所产生的个人或组织。

（7）其他影响者。不是直接客户或项目产品或服务的直接用户，但是由于在客户或执行组织中所处的位置，他们会影响项目的进程。这种影响可以是积极的，也可以是消极的。

除了这些关键性的项目干系人之外，在组织内部或组织外部，还有一些其他项目干系人不太明显，难于识别。根据项目的不同，这些可能包括投资人、卖方、承包商、项目团队成员的家属、政府机构、新闻媒体、行政组织，以及普通公民或公民社团。

在项目执行过程中，尽早识别积极的项目干系人和消极的项目干系人，理解并分析他们对项目不同的或互相冲突的期望，并且在项目执行的整个过程中管理这些期望，对项目的成功是十分重要的。

1.2.3 软件项目管理

软件项目是一种特殊的项目，它创造的唯一产品或服务是逻辑载体，没有具体的形状和尺寸，只有逻辑的规模和运行的效果。

对项目管理多种多样的应用导致其产生了一种有趣的、通常也是消极的副作用。尽管断定，所有项目在某种程度上都是独一无二的，但是那些从事某一特定类型项目工作的人们有一种普遍的倾向，他们认为软件项目（或者建筑工程、研究开发、市场营销、设备维护等项目）与众不同，不应该按照与其他类型项目同样的方式期望按照进度安排（或者预算计划、组织形式、管理方式等）进行。其实所有类型的项目，无论是长还是短，无论是产品导向型还是服务导向型，也无论是从属于某一大型计划的一部分还是孤军作战，它们所具有的基本共性都比其不同之处更为普遍。

曾经有一家软件公司这样为其项目管理软件产品做广告，他们声称“只要你会用鼠标，你就能够管理好一个项目。”但是大部分人还是意识到，不论这种新型计算机软件在设计上有多么先进，项目管理工作的复杂性远远要超过该种软件的操作方法。成功的项目管理是由渐进且逻辑清晰的计划和决策、洞察力、对直觉的恰当运用、合理的组织结构、高效的商业管理及财务管理、对档案文件管理的高度重视和对经过长期实践验证的管理及领导能力之领悟等内容所组成的一个整体性的管理框架。

软件项目管理是为了使软件项目能够按照预定的成本、进度、质量要求顺利完成，而对成本、人员、进度、质量、风险等进行分析和管理的活动。

1.3 项 目 经 理

由于随着企业和项目的不同，项目经理的工作会发生巨大的改变，因此对其存在着多种不同的工作描述。以下是一些经过整理的项目经理工作描述。

（1）咨询公司的软件项目经理：运用技术的、理论的和管理者的技能去满足项目需要，进行计划、安排进度以及控制活动，以满足明确的项目目标；协调和整合团队与个人的努力，与客户和合作者建立积极的专业关系。

（2）金融服务公司的软件项目经理：管理、排列优先次序、开发并实施软件项目的解决方案以满足业务需要；使用项目管理软件并遵循标准的方法论，准备和实施项目计划；建立相互作用的终端用户组，在预算内准确定义并按时实施项目；在第三方服务提供者和终端用户之间扮演联络人的角色，寻找并实施技术解决方案；参与供应商的关系发展和预算管理；提供快速的实施支持。

（3）非营利性咨询公司的软件项目经理：承担业务分析、需求调查、项目计划、预算估计、开发、测试和实施等各种事务责任；与各种资源提供者一起工作，确保开发工作能够按时、高质量、成本效益最优化地予以完成。

1.3.1 项目经理的职责

（1）沟通。在项目管理中，沟通的重要性是不言自明的。即使是一个进展非常顺利、资金也很充足的项目，如果缺乏适当的沟通也会失败。作为项目经理，你可能要面对各种各样的人，有行政管理者、市场人员、技术专家等。要沟通的人不同，采取的方式方法也应当不同。

（2）谈判。谈判就是以形成一个双方都有利的结果为目的的给予与获取。在项目生命周期的任何一个阶段你都必须进行谈判。

（3）解决问题。与项目相关的问题可能会发生在项目干系人中，或者项目本身也会发生问题。项目经理的任务包括尽早发现问题并解决它。解决这个问题过程中的关键点就是要针对问题，而不是针对个人。目的是找到解决方案，促使项目成功，而不是指责别人。有时，在选择并执行正确的解决方案时，你还必须运用影响力技巧。

（4）影响力。影响力就是在不需要权利强制的情况下，让个人或团体做你需要他们做的事情。在如今的信息经济时代，影响力正在成为一种必不可少的管理技巧。为了实施影响力，必须明白组织的正式和非正式结构。在处理项目的任何方面时，你可能会运用到影响力，例如，在控制对项目的变更、就进度计划或资源分配进行谈判，以及解决冲突时都要用到影响力技巧。

（5）领导力。在传统的组织机构中，项目经理对完成团队工作的团队成员没有正式的权威性。所以，项目经理只能通过领导力进行管理，而不是依靠权威（权利），依靠领导力进行管理比依靠权威进行管理效率更高也更有实效。一个项目团队通常是在项目的不同生命周期由来自不同团体的具有不同技能和经验的个人组成的。他们需要一个领导者告诉他们有关这个项目的愿景，并激发、鼓舞、激励他们去实现这个愿景，作为项目经理就是领导者。

1.3.2 项目经理的权利

实际上，尽管项目经理对项目负有主要职责，但由于大多数项目资源（如人力资源）不直接受项目经理的控制，职权与职责并不是统一在项目经理一个人身上，因此项目经理地位最主要的一个特点就是“责任大于权利”，项目经理在管理项目中会更多地依赖个人权利。项目经理的权利主要有三个方面：

（1）制定项目的有关决策。项目在实施过程中必然会面临各种各样的决策，而制定决策是项目经理所拥有的最主要的权利，这也是项目经理最基本、最重要的权利。

（2）挑选项目成员的权利。项目启动后，项目经理有权根据自己的判断和自己的方式选择项目成员、组建项目团队。

（3）对项目获得的资源进行再分配。上级组织将资源划拨给项目组织，项目经理有权决定这些资源的具体作用，根据项目具体工作要素的情况进行资源再分配。

1.3.3 项目经理的锦囊妙计

以下12条法则都是帮助项目经理了解自己所面临挑战的有效工具,同时也是他们解决问题的重要手段。

（1）了解项目管理的背景情况。

（2）将项目团队的冲突看作工作进程中的必然现象。

（3）了解厉害关系者的情况和他们的需求。

（4）承认组织的政治型本质，并对其合理运用。

（5）身先士卒、勇往直前。

（6）理解“成功”的含义。

（7）建立并维持团结紧密的团队。

（8）热情和绝望都具有很强的感染力。

（9）向前看远胜于向后看。

（10）时刻牢记自己的真实使命。

（11）谨慎利用时间，否则你将被时间左右。

（12）最重要的事情是计划。

1.4 项目管理过程组和知识领域

项目管理知识体系（PMBOK）是美国项目管理学会组织开发的一套关于项目管理的知识体系，它是项目管理专业人员考试的关键材料。它为所有的项目管理提供了一个知识体系。项目管理知识体系包括 5 个标准化过程组、9 个知识领域及 44 个模块。

1.4.1 项目管理过程组

项目管理的五个过程组分别是启动过程组、规划过程组、执行过程组、监控过程组、收尾过程组。但是，过程组不是项目阶段。当大项目或复杂项目有可能分解为不同的阶段或者不同的子项目时，如可行性研究、设计、样机或样品、建造、试验等，每一阶段或子项目都要重复过程组的所有子过程。

1. 启动过程组

确定并核准项目或项目阶段。启动过程组包括如下项目管理过程：

（1）制定项目章程。这一过程的基本内容是核准项目或多阶段项目的阶段。它是记载经营、预定满足这些要求的新产品、服务或其他成果的必要过程。颁发这一章程将项目与组织的日常业务联系起来并使该项目获得批准。项目章程是由在项目团队之外的组织、计划或综合行动管理机构颁发并授权核准的。在多阶段项目中，这一过程的用途是确认或细化在以前制定项目章程过程中所做的各个决定。

（2）制定项目初步范围说明书。这是利用项目章程与启动过程组，为项目提供初步粗略高层定义的必要过程。这一过程处理和记载对项目于可交付成果提出的要求、产品要求项目的边界、验收方法以及高层范围控制。在多阶段项目中，这一过程确认或细化每一阶段的项目范围。

2. 规划过程组

确定和细化目标，并为实现项目要达到的目标和完成项目要解决的问题范围规划必要的行动路线。规划过程组包括如下项目管理过程：

（1）制定项目管理计划。这是确定、编制所有部分计划并将其综合和协调为项目管理计划所必需的过程。项目管理计划是有关项目如何规划、执行、监控及结束的基本信息来源。

（2）范围规划。这是执行项目范围管理计划、如何确定、核实和控制项目范围，以及如何建立和制作工作分解结构所必需的过程。

（3）范围定义。这是制定详细的项目范围管理计划，为将来的项目决策奠定基础所必需的过程。

（4）制作工作分解结构。这是将项目主要可交付成果和项目工作分解为较小和更易于管理的组成部分所必需的过程。

（5）活动定义。这是识别为了提交各种各样项目可交付成果而需要的具体活动所必需的过程。

（6）活动排序。这是识别和记载各计划活动之间的逻辑关系所必需的过程。

（7）活动资源估算。这是估算各计划活动需要的资源类型与数量所必需的过程。

（8）活动持续时间估算。这是估算完成各计划活动需要的单位工作时间所必需的过程。

（9）进度表制定。这是分析活动顺序、持续时间、资源要求，以及进度制约因素和制定项目进度表所必需的过程。

（10）费用估算。这是为取得完成项目活动所需各种资源的费用近似值所必需的过程。

（11）费用预算。这是汇总各个活动或工作细目的估算费用和制定费用基准所必需的过程。

（12）质量规划。这是识别哪些质量标准与本项目有关，并确定如何达到这些标准要求所必需的过程。

（13）人力资源计划。这是识别项目角色、责任、报告关系并将其形成文件，以及制定人员配备管理计划所必需的过程。

（14）沟通计划。这是确定项目利害关系者的信息与沟通需要所必需的过程。

（15）风险管理计划。这是决定如何对待、规划和执行项目风险管理活动所必需的过程。

（16）风险识别。这是确定哪些风险可能影响到本项目并将其特征形成文件所必需的过程。

（17）定性风险分析。这是为以后进一步分析或采取行动而估计风险发生概率大小与后果，并将两者结合起来，进而确定风险重要性大小所必需的过程。

（18）定量风险分析。这是对已经识别的风险对项目目标的影响进行数值分析所必需的过程。

（19）风险应对规划。这是为实现项目目标增加机会和减少威胁而制定可供选择的行动方案所必需的过程。

（20）采购规划。这是为确定采购和征购何物，以及何时与如何采购和征购所必需的过程。

（21）发包规划。这是为归档产品、服务、成果要求和识别潜在买方所必需的过程。

3. 执行过程组

将人和其他资源结合为整体实施项目管理计划。执行过程包括如下管理过程组：

（1）指导与管理项目执行。这是为指导存在于项目的各种各样技术和组织界面，执行项目管理计划中确定的工作所必需的过程。

（2）实施质量保证。这是为按照计划开展系统的质量活动，确保项目使用所有必要的过程以满足要求所必需的过程。

（3）项目团队组建。这是为取得完成项目所需要的人力资源所必需的过程。

（4）项目团队建设。这是为改善团队成员胜任能力和彼此之间的配合，提高项目业绩所必需的过程。

（5）信息发布。这是为项目利害关系者及时提供信息所必需的过程。

（6）询价。这是为取得信息、报价、投标书、要约或建议书所必需的过程。

（7）卖方选择。这是审查报价书，在潜在的卖方间选择，并与卖方谈判书面合同所必需的过程。

4. 监控过程组

定期测量并监视绩效情况，发现偏离项目管理计划之处，以便在必要时采取纠正措施来实现项目的目标。监控过程组包括如下过程组：

（1）监控项目工作。这是收集、测量、散发绩效信息，并评价测量结果和估计趋势以改进过程所必需的过程。该过程包括确保尽早识别风险，报告其状态并实施相应风险计划的风险监视。风险监视包括状况报告、绩效测量和预测。绩效报告提供了有关项目在范围、进度、费用、资源、质量与风险方面绩效的信息。

（2）整体变更控制。这是控制造成变更的因素，确保变更带来有益结果，判断变更是否已经发生，在变更已发生并得到批准时对其加以管理所必需的过程。该过程从项目启动直到项目结束贯穿始终。

（3）范围核实。这是正式验收已经完成项目的可交付成果所必需的过程。

（4）范围控制。这是控制项目范围变更所必需的过程。

（5）进度控制。这是控制项目进度变更所必需的过程。

（6）费用控制。这是对造成偏差的因素施加影响，并控制项目预算所必需的过程。

（7）实施质量控制。这是监视具体的项目结果，判断是否符合有关质量标准并寻找办法消除实施结果未达标的原因所必需的过程。

（8）项目团队管理。这是注视团队成员的表现，提供反馈，解决问题并协调变化，以便增强项目执行效果所必需的过程。

（9）绩效报告。这是收集与分发绩效信息所必需的过程，其中包括状态报告、绩效衡量与预测。

（10）利害关系者管理。这是管理与项目利害关系者之间的沟通，满足其要求并解决问题所必需的过程。

（11）风险监控。这是在整个项目生命期内跟踪已经识别的风险，监视残余风险，识别新的风险，实施风险应对计划并评价其有效性所必需的过程。

（12）合同管理。这是为管理合同以及买卖双方之间的关系，审查并记载卖方履行合同的表现或履行的结果，并在必要时管理项目外部买主之间合同关系所必需的过程。

5. 收尾过程组

正式验收产品、服务或成果，并有条不紊的结束项目或项目阶段。收尾过程组包括如下过程组：

（1）项目收尾。这是为最终完成所有项目过程组的所有活动，正式结束项目或阶段所必需的过程。

（2）合同收尾。这是为完成与结算每一项合同所必需的过程，包括解决所有遗留问题并结束每一项与本项目或项目阶段有关的合同。

1.4.2 项目管理知识领域

项目管理知识领域包括项目集成管理、项目范围管理、项目时间管理、项目成本管理、项目质量管理、项目人力资源管理、项目沟通管理、项目风险管理和项目采购管理。

表 1-2 表示了 44 个模块、5 个项目管理过程组及 9 个项目管理知识领域的关系。

表 1-2 项目管理过程、过程组与知识领域的图解

知识领域 \ 过程组	启 动	规 划	执 行	监 控	收 尾
项目集成管理	制定项目章程 制定项目初步范围说明书	制定项目管理计划	指导与管理项目执行	监控项目工作 整体变更控制	项目收尾
项目范围管理		范围规划 范围定义 制作工作分解结构		范围核实 范围控制	
项目时间管理		活动定义 活动排序 活动资源估算 活动持续时间估算 制定进度表		进度控制	
项目成本管理		成本估算 成本预算		成本控制	
项目质量管理		质量规划	实施质量保证	实施质量控制	
项目人力资源管理		人力资源规划	项目团队组建 项目团队建设	项目团队管理	
项目沟通管理		沟通规划	信息发布	绩效报告 利害关系者管理	
项目风险管理		风险管理规划 风险识别 定性风险分析 定量风险分析 风险应对规划		风险监控	
项目采购管理		采购规划 发包规划	询价 卖方选择	合同管理	合同收尾

每一个必要的项目管理过程都与大部分活动所在的过程组对应起来。例如，当某个通常属于规划过程组的过程在执行期间重新使用或更新之后，该过程仍然是在规划过程中进行的同一过程，而不是另外的新过程。

1.4.3 项目管理的工具和技术

著名历史学家和作家托马斯·卡莱尔说过："人是使用工具的动物。离开了工具，他将一无所成；而拥有了工具，他就掌握了一切。"项目管理工具和技术能够帮助项目经理和团队实

施 9 大知识领域的所有工作。例如，成本管理工具和技术包括净现值、投资回收率、回收分析、挣值管理等。表 1–3 列举了各知识领域常用的工具和技术。

表 1-3　各项目管理知识领域常用项目管理工具和技术

知 识 领 域	工具和技术
集成管理	项目挑选方法、项目管理方法论、利益相关者分析、项目章程、项目管理计划、项目管理软件、变更请求、变更控制委员、项目评审会议、经验教训报告
范围管理	范围说明、工作分解结构、工作说明、需求分析、范围管理计划、范围验证技术、范围变更控制
时间管理	甘特图、项目网络图、关键路径分析、赶工、快速追踪、进度绩效测量
成本管理	净现值、投资回报率、回收分析、挣值管理、项目组合管理、成本估算、成本管理计划、成本基线
质量管理	质量控制、核减清单、质量控制图、帕雷托图、鱼骨图、成熟度模型、统计方法
人力资源管理	激励技术、同理聆听、责任分配矩阵、项目组织图、资源柱状图、团队建设练习
沟通管理	沟通管理计划、开工会议、冲突管理、传播媒体选择、现状和进程报告、虚拟沟通、模板、项目网站
风险管理	风险管理计划、风险登记册、概率/影响矩阵、风险分级
采购管理	自制购买分析、合同、需求建议书、资源选择、供应商评价矩阵

第2章 软件项目集成管理

2.1 项目集成管理定义

项目集成管理涉及在整个项目的生命周期中协调所有其他项目管理的知识领域。这种集成确保了项目的所有因素能在正确的时间聚集在一起成功地完成项目。项目集成管理主要包括7个主要过程：

（1）制定项目章程。它是指与项目利益相关者一起合作，制定正式批准项目的文件——章程。

（2）创建初步的项目范围说明书。它是指通过与项目利益相关者的合作，尤其与项目产品、服务或其他产出的用户合作，开发出总体的范围要求。这个过程的目的便是建立初步的项目范围说明书。

（3）制定项目管理计划。涉及将确定、编写、协调与组合所有部分计划所需要的行动形成文件，使其成为项目管理计划。这个过程的产出物是成本计划、进度计划、质量计划、人力资源计划、沟通计划、风险计划等。

（4）指导和管理项目实施。涉及通过实施项目管理计划中的活动来执行项目管理计划。这个过程的产出是交付物、工作绩效信息、变更请求、项目管理计划及项目文件的更新。

（5）监控项目工作。涉及监督项目工作是否符合项目的绩效目标。这个过程的产出是惩治和预防措施建议、缺陷修复建议，以及变更请求。

（6）整体变更控制。涉及识别、评估和管理贯穿项目生命周期的变更。这个过程的产出包括变更请求状态更新、项目管理计划更新以及项目文件更新。

（7）项目收尾。涉及完成所有的项目活动，以正式结束项目或项目阶段。这个过程的产出包括最终产品、服务或者输出的转移，以及组织过程资产的更新。

良好的项目集成管理能使利益相关者满意是非常重要的。项目集成管理包括了界面管理。界面管理涉及明确和管理项目众多元素相互作用的交界点。随着项目参与人员的增加，交界点的数量可能会以指数增加。因此，项目经理最主要的工作之一，便是建立和维护好组织内部的沟通和关系。项目经理必须和所有的项目利益相关者做好沟通，包括顾客、项目团队、高管、其他项目经理以及与本项目有竞争关系的项目等。

2.2 制定项目章程

项目章程是正式批准项目的文件。该文件授权项目经理在项目活动中动用组织的资源。项目应该尽早选定和委派项目经理。项目经理任何时候都应在规划开始之前被委派，最好控制在制定项目章程之时。

项目章程是由实施组织外部级别适合的，并为项目出资的一位项目发起人或赞助人发出。项目通常是由实施组织外部的企业、政府机构、公司、计划组织或综合行动组织，出于市场需求、营运需求、客户要求、技术进步、法律要求和社会需要等一个或多个原因而颁发章程并批准的。

为项目签发章程之后，就建立了项目与组织日常工作之间的联系。对于某些组织，只有在完成了分别启动的需求分析、可行性研究、初步计划或其他类似作用的分析之后，才正式为项目签发项目章程并加以启动。制定项目章程基本上就是将经营需要，上项目的理由，当前对顾客要求的理解，以及用来满足这些要求的产品、服务或成果形成文件。

2.2.1 制定项目章程依据

（1）合同。合同是监督项目执行的各方履行其权利和义务、具有法律效力的文件。软件项目合同主要是技术合同，技术合同是法人之间、法人和公民之间、公民之间以技术开发、技术转让、技术咨询和技术服务为内容，明确相互权利义务关系所达成的协议。

技术合同管理是围绕合同生存期进行的。合同生存期分为合同准备、合同签署、合同管理、合同终止四个阶段。企业在不同合同环境中承担不同的角色。这些角色分为需方（买方或甲方）、供方（卖方或乙方）。需方提供准确、清晰和完整的需求选择合适的供方并对采购对象进行必要的验收。供方了解清楚需方的要求并判断是否有能力来满足这些需求。作为软件开发商，更多担任的是供方的角色。

在合同准备阶段企业作为需方包括三个过程：招标书定义、供方选择、合同文本准备。企业作为供方包括项目分析、竞标、合同文本准备三个过程。

在合同签署阶段就是需方和供方正式签订合同，使之成为具有法律效力的文件，同时，根据签署的合同，分解出合同中需方的任务，并下达任务书，指派相应的项目经理负责的过程。

在合同管理阶段企业作为需方包括对需求对象的验收过程和违约事件处理过程。企业作为供方包括合同跟踪管理过程、合同修改控制过程、违约事件处理过程、产品提交过程和产品维护过程。

在合同终止阶段，企业作为需方，项目经理或者合同管理者应该及时宣布项目结束，终止合同执行，通过合同终止过程告知各方合同终止。企业作为供方应该配合需方的工作，包括项目的签收、双方认可签字、总结项目的经验教训、获取合同的最后款项、开具相应的发票、获取需方的合同终止的通知、将合同相关文件归档。

（2）项目工作说明书。工作说明书是对应由项目提供的产品或服务的文字说明。对于发起人或赞助人根据经营需要、产品或服务要求提供一份工作说明书。对于外部项目，工作说明书属于顾客招标文件的一部分，如建议邀请书、信息请求、招标邀请书或合同中的一部分。

（3）事业环境因素。在制定项目章程时，任何一种以及所有存在于项目周围并对项目成功有影响的组织事业环境因素与制度都必须加以考虑。

（4）组织过程资产。在制定项目章程及以后的项目文件时，任何一种以及所有用于影响项目成功的资产都可以作为组织过程资产。任何一种以及所有参与项目的组织都可能有正式或非正式的方针、程序、计划和原则，所有这些影响都必须考虑。

2.2.2 制定项目章程的工具和技术

（1）项目选择方法。项目选择方法的用途是确定组织选择哪一个项目。

（2）项目管理方法。项目管理方法是确定了若干项目管理过程组，及其有关的子过程和控制职能，所有这些都结合成为一个发挥作用的有机统一整体。

（3）项目管理信息系统。项目管理信息系统是在组织内部使用的一套集成的标准自动化工具。项目管理团队利用管理信息系统指定项目章程，在细化项目章程时促进反馈，控制项目章程的变更和发布批准的项目章程。

（4）专家判断。专家判断是用来评价指定项目章程所必需的依据。在这一过程中，此类专家将其知识应用于任何技术和管理细节。

无论采用哪种工具和技术，项目章程都是从正式的授权开始，然后指定项目经理、介绍项目背景和来源等。表 2-1 给出了一个项目章程的例子。

表 2-1 车间调度管理系统项目的项目章程

项目名称	车间调度管理系统项目
项目开始时间	2014.08.30
项目结束时间	2015.12.30
项目目标	根据制造企业标准，采用先进的管理方法和技术对正在使用的调度系统进行修改和升级。软硬件费用 200 万元，人工成本 30 万元
使用的新方法	大数据支持的数据库系统 科学的用料成本估算 混合量子遗传算法
项目经理	宁 涛
质量经理	金 花
技术经理	秦 放
系统支持	王立娟
采购经理	刘瑞杰

2.3 制定项目管理计划

项目管理计划是用来协调所有项目计划文件和帮助引导项目的执行与控制。为了制定和整合一个完善的项目管理计划，项目经理一定要把握项目集成管理的技术，因为它将用到每个项目管理知识领域的知识。与项目团队和其他利益相关者一起制定一个项目管理计划，能够帮助项目经理引导项目的执行，以及更好地把握整个项目。创建项目管理计划，主要的输入包括项目章程、计划过程的输出、企业环境因素及组织过程资产信息。主要应用的工具技术是专家评审，其输出就是一份项目管理计划。

项目管理计划确定了执行、监视、控制和结束项目的方式和方法。项目管理计划记录了规划过程组的各个子过程的全部成果。其中包括：

（1）项目管理团队选择的各个项目管理过程。

（2）每一选定过程的实施水平。

（3）对实施这些过程时使用的工具和技术所做的说明。

（4）在管理具体项目中使用选定过程的方式和方法，包括过程之间的依赖关系和相互作用，以及重要的依据和成果。

（5）为了实现项目目标执行的工作的方式、方法。

（6）监控变更的方式、方法。

（7）实施配置管理的方式、方法。

（8）使用实施效果测量基准并使之保持完整的方式、方法。

（9）利害关系者之间的沟通需要的技术。

（10）高层管理人员为了加速解决未解决的问题和处理未做出的决策，对内容、范围和时间安排的关键审查。

项目管理计划详略均可，由一个或多个部分计划，以及其他事项组成。每一个分计划和其他组成部分的详细程度都要满足具体项目的需要。这些分计划包括但不限于如下内容：项目范围管理计划、项目进度计划、项目成本计划、项目质量计划、人力资源计划、沟通管理计划、风险管理计划和项目采购计划。

其他组成部分包括，但不限于如下事项：里程碑清单、资源日历、进度基准、成本基准、质量基准和风险登记手册。

2.4 指导和管理项目执行

指导与管理项目执行过程要求项目经理和项目团队采取多种行动执行项目管理计划，完成项目范围说明书中明确的工作。

项目经理与项目管理团队一起指导项目活动的开展，并管理项目内部各种各样的技术和组织接口。指导与管理项目执行过程会受到项目应用领域最直接的影响。可交付成果是为完成项目管理计划中列入并做了时间安排的项目工作而进行的过程的成果。收集有关可交付成果完成状况，以及已经完成了哪些工作的工作绩效信息，属于项目执行的一部分，并成为绩效报告过程的依据。

指导与管理项目执行的成果包括：可交付成果、请求的变更、实施的变更请求、实施的纠正措施、实施的预防措施、实施的缺陷补救和工作绩效信息。

2.5 监控项目工作

在一个大型项目中，很多项目经理认为 90%的工作是用于沟通和管理变更。在很多项目中，变更是不可避免的，所以制定并遵循一个流程来监控变更就十分重要。

监督项目工作包括采集、衡量、发布绩效信息，还包括评估度量数据和分析趋势，以确定可以做哪些过程改进。项目小组应持续监测项目绩效、评估项目整体状况和估计需要特别注意的地方。

项目管理计划、工作绩效信息、企业环境因素和组织过程资产是项目监控工作中的重要内容。

项目管理计划为确认和控制项目变更提供了基准。基准是批准的项目管理计划加上核准的变更。绩效报告使用这些材料来提供关于项目执行情况的信息。其主要目的是提醒项目经理和项目团队那些导致问题产生或可能引发问题的因素。项目经理和项目团队必须持续监控项目工作，以决定是否需要采取修正或预防措施、最佳的行动路线是什么、何时采取行动。

2.6 集成变更控制

集成变更控制过程贯穿于项目的始终。由于项目很少会准确地按照项目管理计划进行，因而变更控制必不可少。项目管理计划、项目范围说明书以及其他可交付成果必须通过不断地认真管理变更才能得以维持。否决或批准变更请求应保证将得到批准的变更反映到基准之中。

提出的变更可能要求编制新的或者修改成本估算，重新安排计划活动的顺序，确定新的进度日期，提出新的资源要求，以及重新分析风险应对办法。这些变更可能要求调整项目集成管理计划、项目范围说明书，或其他项目可交付成果。附带变更控制的配置管理包括识别、记录和控制基准的变更。施加变更控制的程度取决于应用领域、具体项目的复杂程度、合同要求，以及实施项目的环境与内外联系。

2.7 项 目 收 尾

当一个项目的目标已经实现，或者明确看到该项目的目标已经不可能实现时，项目就应该终止。

项目最后执行结果只有两个状态：成功与失败。评定项目成功与失败的标准主要看：是否有可交付成果、是否实现目标、是否达到项目雇主的期望。一个项目生产出可交付的成果，而且符合事先预定的目标，满足技术性能的规范要求，满足某种使用目的，达到预定需要和期望，相关领导、项目关键人员、客户、使用者比较满意，这就是成功的项目，即使有一定偏差，但只要多方肯定，项目也是成功的。但是对于失败的界定就比较复杂，不能简单地说项目没有实现目标就是失败的，也可能目标不实际，即使达到了目标，但是客户的期望没有解决，这也不是成功的项目。

软件项目收尾工作应该做的事情至少包括：范围确认、质量验收、费用决算、合同终结和资料验收。

项目结束中一个重要的过程就是项目的最后评审，它是对项目进行全面的评价和审核，主要包括：确定是否实现项目目标、是否遵循项目进度计划、是否在预算成本内完成项目、项目过程中出现的突发问题以及解决措施是否合适、问题是否得到解决、对特殊成绩的讨论和认识、回顾客户和上层经理人员的评论，从该项目的实践中可以得到哪些经验和教训等事项。

项目结束中最后一个过程是项目总结。项目的成员应当在项目完成后，为取得的经验和教训做一个项目总结报告。

第 3 章　软件项目范围管理

3.1　项目范围管理

项目范围管理是指界定和控制项目中包括什么和不包括什么的过程。这个过程确保了项目团队和项目的利益相关者对项目的可交付成果以及生产这些可交付成果所进行的工作达成共识。项目范围管理主要包括五个阶段：

（1）需求收集。是指定义并记录项目最终产品的特点和功能，以及创造这些产品的过程。

（2）范围定义。制定详细的项目范围说明书，作为将来项目决策的根据。

（3）制作工作分解结构。将项目大的可交付成果与项目工作划分为较小和更易管理的组成部分。

（4）范围核实。正式验收已经完成的项目可交付成果。

（5）范围控制。控制项目范围的变更。

3.2　项目需求管理

项目需求管理是项目规划与实施的基础，需求确定的好坏将直接影响到项目的成败。

3.2.1　需求管理

软件需求可定义为用户解决某一问题或达到某一目标所需的软件功能；系统或系统构件为了满足合同、规约、标准或其他正式实行的文档而必须满足或具备的软件功能。

需求管理是一种获取、组织并记录系统需求的系统化方案，以及使客户与项目团队不断变更的系统需求达成并保持一致的过程。

需求管理存在的问题：

（1）范围问题。系统的目标、边界未被良好的定义，用户对此是很混淆的。

（2）理解问题。用户不能完全了解自己需要什么，对系统的能力、局限更是不清楚。工程师不理解用户的问题域和应用环境，相互之间的沟通存在问题。

（3）易变问题。随时间的变化，系统需求会发生变化。

需求管理的目的是在客户和遵循客户需求的软件项目之间建立一种共同的理解。

3.2.2 需求收集

1. 需求收集的输入和开始准则

为了对系统有一个更全面的理解，需要画出一个初始的范围，从一个高的层次上描述需要实现什么。这个初始范围作为需求收集阶段的一个输入。根据能够得到的必要信息，客户和竞标项目的组织拟定一份合同，合同规定了每一方的义务。在签署合同之前，每个组织应该像每个合同评审过程一样评审项目范围，确保没有做出无法实现的承诺。

这个经过批准的高层次项目范围，确定了要开发的软件部分。理解软件部分的细节称为软件需求收集。

2. 软件需求收集的几个方面

将需求收集看作项目在最大程度上满足客户的全面的方法，而不是局限于狭窄的范围，仅仅作为获取一个给定系统的功能性需求的技术过程。软件需求收集主要包括四个方面：

（1）职责。需求收集是后续活动成功的基础。没有正确地获取需求，无论后续步骤多么好，都不可能构建一个真正满足用户的系统。保证这一步正确是首先要解决的问题。促使这方面获得成功的措施有确定单一联系点和最终的决定权、确定和建立解决问题的服务级别合约、确定变更控制规范和确定法规的遵循问题。

理想情况下，为了说明和仲裁需求，应该从客户组织中一个单一且最终的联系点开始。这个单一联系点应该由客户组织的高层经理提名，并正式通知组织的其他人。一般来说，这个单一联系点是信息系统的头或者首席信息官，这样，某种意义上的合法性和权威性就可以表现出来。

客户组织中的单一联系点在开发软件的组织中有对应的人（项目经理）。项目经理是资源分配和谈判的渠道。

在收集需求的过程中，两件事情是必定发生的。第一，肯定有某些不清楚或者冲突的问题，需要客户来澄清。第二，即使需求初步达成了协议，以后还是会改。服务级别合约说明了解决任何冲突的响应时间。既然需求最终转换为成本和进度，因此描述出什么条件下这些保持有效是很重要的。

任何软件系统中都有一个无法避免的事实就是需求的变更。变更是无法避免的，是不以主观愿望为转移的。更确切地说，变更必须预料到，并且按照适当的变更控制规范进行管理。变更控制解决变更中的请求、识别、评估的程序问题。在需求阶段，当系统的定义仍旧在演化的时候，变化几乎同步发生。通过使用最终决定权和单一联系点，这样的变化可以被汇集和合并。但更有挑战性的任务是，在需求冻结且系统设计和开发已经开始后如何进行管理的问题。在这个阶段对续期变更是很昂贵的，需要进行控制和管理。因为这样的变化会影响成本和进度，因此，在承诺的条件下，识别什么类型的变更可以请求，如何决定一个特别的变更是否值得做以及带来的花费是什么，都是重要的。

（2）当前系统需求。需求分类如下。

① 功能需求：需求的功能旨在解决这样的问题，例如，期望系统得到什么，系统如何满足客户的商业需要等。

② 性能需求：功能需求对系统应该做什么提供了定性的描述。性能需求则规定了应用

要满足的性能。性能需求是严格的定量描述。

③ 可用性需求：可用性需要是对各种部件正常运行时间的期望。

④ 安全需求：安全决定谁有权利使用系统的哪一部分（以及使用多少次）。安全需求必须在需求阶段的早期确定，因为它们对实际的系统设计有影响。

⑤ 环境定义：需求管理的这部分说明了系统将要运行于其上的软件和硬件平台方面的限制。因为软/硬件平台的选择对设计和后续开发有很大的影响，也影响系统最终的性能，还从某种程度上决定了需要的技能，所以事先定义是必要的。

（3）目标。成功的衡量标准指出了在什么条件下项目可以认为是成功的。有一些目标可以谈判和妥协，而有一些则因为商业现实而必须绝对地满足。在需求阶段应该确定出什么事是可以妥协的，什么事是不能妥协的。

当一个系统开发出来，怎样才能断定它满足了客户的需求？验收测试标准便是服务于此目的的。

（4）系统将来的需要。在需求管理阶段，写软件产品需求的时候，为成功的部署产品，考虑客户所需要的非软件方面也很重要。包括：

① 文档：每个产品都需要文档，需要到何种程度取决于产品的复杂度和达成的合约。一个产品需要的文档类型包括用户手册、设计和内部文档、安装指南和在线帮助。

② 培训：一旦产品开发完成，可能需要培训客户。对不同的人可能有不同层次的培训。可能需要培训客户如何使用模块（数据输入格式、菜单、报表等）；对系统管理员培训安全、系统备份、恢复等功能；如果产品的后续维护将移交给客户，可能必须培训客户组织中的开发人员了解真实的程序以及如何维护该程序。因此，需要什么程度的培训，决定了要付出的工作量。

③ 后续支持：一旦系统被部署在用户那里，将会需要后续的支持，在这方面必须回答的问题包括需求变更由什么构成以及如何处理它、多久做一次必要的代码改正、产品维护多久、什么事情不能变更。

3．软件需求收集遵循的步骤

需求收集的步骤如下：

（1）客户和开发组织确定各自的单一联系点，授予做决定的权利，并代表各自的组织利益行事。

（2）这两个人（必要的话包括他们的小组）举行会议和面谈，讨论各种需求。这种会议和面谈通常要形成会议纪要并分发给参与人员，以确保大家对讨论有一个正确的理解。

（3）软件开发组织分析需求的一致性和完整性。在需要任何澄清时，他们接触客户组织中适当的联系点并解决问题。

（4）开发组织以需求规格说明文档的形式得出讨论结果。

（5）客户组织中的人员评审需求规格说明文档，确保一致性和完整性。需要变更的情况下，他们和软件开发组织中适当的人进行磋商，保证双方对需求有一致的、完整的、无二义性的理解。

（6）在客户方的单一联系点或者高层管理者对需求规格说明文档签字。

这个过程在正式签字生效前会有若干次重复。

4. 需求收集阶段的输出和质量记录

需求收集过程的主要输出是需求规格说明文档。该文档包括客户和开发组织最终都同意的所有信息。需求规格说明文档有各种可能的格式。

在需求收集阶段需要获得的主要质量记录包括为讨论需求而举行的各种会议的备忘录、为了阐明或者解决需求中的冲突而写的任何来往信件、变更请求和它们的影响，有决定权的人的签字。

5. 需求收集阶段需要的技能

需求收集阶段以很高的客户能见度和互动为特征。比其他阶段更需要高层次上的沟通，并伴有很大程度上的流动性。基于所有这些因素，领导或者参与需求收集阶段的人需要以下技能：

（1）从客户的视角看待需求的能力。

（2）领域知识。

（3）技术意识。

（4）很强的人际交往技巧。

（5）很强的谈判技巧。

（6）对不明确因素有一定的承受能力。

（7）很强的沟通技能。

3.3 项目工作分解

3.3.1 创建工作分解结构

工作分解结构（Work Breakdown Structure，WBS）以可交付成果为中心，将项目中所涉及的工作进行分解，定义出项目的整体范围。工作分解结构把项目工作分成较小和更便于管理的多项工作，每下降一个层次意味着对项目工作更详尽的说明。工作分解结构是当前批准的项目范围说明书规定的工作。构成工作分解结构的各个组成部分有助于利害关系者理解项目的可交付成果。

3.3.2 工作分解的过程

创建工作分解结构的主要输入是项目范围说明书、组织过程资产和批准的变更请求。需要的主要工具和技术是分解，即把项目可交付成果分成较小的、便于管理的组成部分，直到工作和可交付成果定义到工作细目水平。主要输出是项目范围说明书、工作分解结构、工作分解结构词汇表、范围基准、项目范围管理计划和请求的变更。

进行工作分解的标准应该统一，不能有双重标准。选择一种项目分解标准之后，在分解过程中应该统一使用此标准，避免因使用不同标准而导致的混乱。可以采用生存期为标准、采用产品的功能为标准或者以项目的组织单位为标准。

3.3.3 工作分解的类型

（1）清单类型。采用清单类型的分解方式，就是将任务分解的结果以清单的表述形式进行层层分解的过程，类似于书的目录结构，如表 3-1 所示。

表 3-1　清单类型

模块等级	模块名称
1	车辆调度时间计算
1.1	比较新旧模块
1.1.1	预处理
1.1.2	文件比较
1.1.3	结果处理
1.2	查询修改后增删代码行
1.2.1	查询增加代码行
1.2.2	查询删除代码行
1.3	统计修改后增删代码行
1.3.1	统计增加代码行
1.3.2	统计删除代码行
1.4	统计全部代码行
1.5	设定指示标记

（2）图表类型。采用图表类型的任务分解就是进行任务分解时采用图表的形式进行层层分解的方式（图 3-1）。

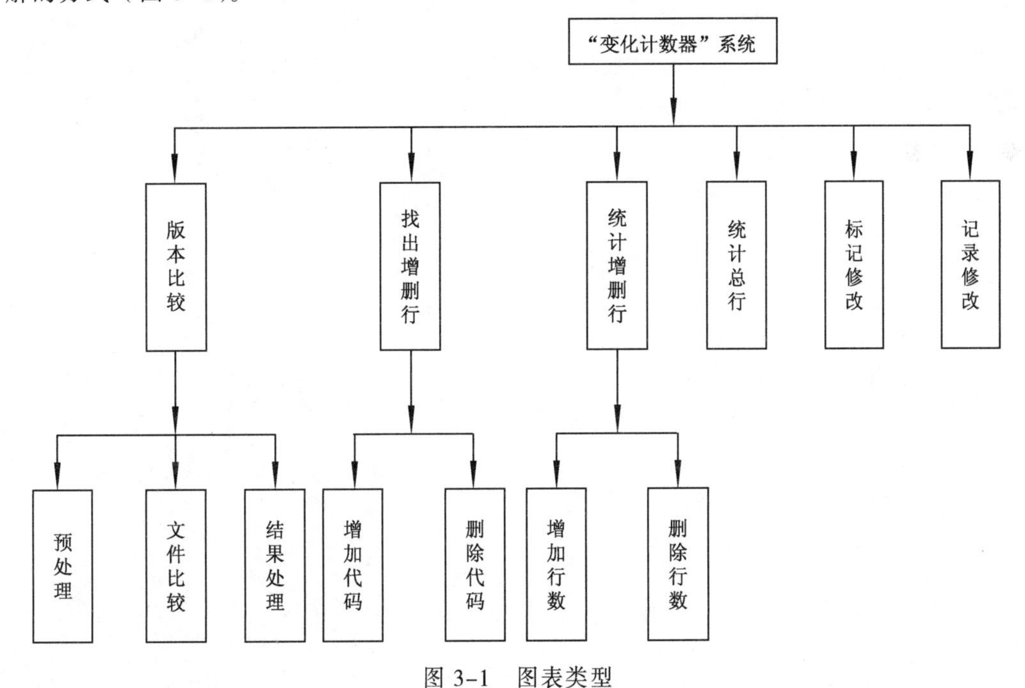

图 3-1　图表类型

3.3.4　其他领域的结构

制作工作分解结构过程生成的关键文件时实际的工作分解结构。一般都为分解结构每一组成部分（包括工作细目与控制账户）赋予唯一的账户编码标识符。这些标识符形成了一种费用、进度与资源信息汇总的层次结构。

工作分解结构不应与其他用来表示项目信息的“分解”结构混为一谈。在某些应用领域或其他知识领域使用的其他结构包括：

（1）组织分解结构（OBS）。按照层次将工作细目与组织单位形象地、有条理地联系起来的一种项目组织安排图形。

（2）材料清单（BOM）。将制造产品所需的实体部件、组件和组成部分按照组成关系以表格形式表现出来的正式文件。

（3）风险分解结构（RBS）。按照风险类型形象而有条理地说明已经识别的项目风险层次结构的一种图形。

（4）资源分解结构（RBS）。按照种类和形式对将用于项目的资源进行划分的层次结构。

第4章　软件项目成本管理

4.1　成本管理概述

4.1.1　成本定义

成本按其产生和存在形式的不同可分成固定成本、可变成本、半变动成本、直接成本、间接成本和总成本。

软件项目成本主要包括：

（1）直接材料成本。直接材料成本是能用经济可行的办法计算出来的，所有包含在最终产品中或能追溯到最终产品上的原材料成本。

在软件企业和软件项目中，直接材料成本是指项目外购的直接用于项目并将最终交付给用户的硬件、网络、第三方软件、外购服务（安装、维护、培训、质保）等。这部分成本可以直接从项目合同中区分并计算出来。

（2）直接人力成本。直接劳动力成本指用经济可行的办法能追溯到最终产品上的所有劳动力成本，如机器的操作员、组装人员。

在软件企业和软件项目中，直接劳动力成本也称为直接人力资源成本，是指可分摊到项目上的人力资源的直接费用，包括工资、福利、保险等固定费用，也应包括激励等不固定的部分。在项目的不同周期内人员使用的工作量的计算上、专职和兼职、全职和半职等，都对直接的人力资源成本计算产生影响。

当确定了项目的目标和范围，并根据任务进行了工作任务分解后，我们就可以基本确定人力资源的使用情况，根据人力资源使用数量，参照公司的人力资源直接成本，可以获得项目的直接人力资源成本。

（3）项目的实施费用成本。在项目实施中，差旅费用、交通费用、通信费用、出差补贴等是实施费用的主要构成因素。

（4）其他直接成本。其他直接成本是指与项目有关、直接在项目中发生的其他费用成本。其他成本包括设备和场地的租借费用、项目组专用设备的折旧费用、项目合同的税费、项目的销售和广告费用等。

（5）间接成本。间接成本是和项目过程有关的分摊性质的成本。主要包括如下几种。

① 固定分摊费用：如公司办公场地的租金、公司的保险、税金、其他公用设备折旧和工商管理费等。

② 可变分摊费用：如水电、公司管理费用、财务费用、办公通信费用等。

③ 其他费用：如公司整体运作的市场和广告费用、销售费用、研发费用、测试费用。

软件项目规模是从软件项目范围中抽出软件功能，然后确定每个软件功能所必须执行的一系列软件工程任务。软件项目成本是指完成软件项目规模相应付出的代价，是待开发的软件项目需要的资金。软件项目规模的单位包括代码行、功能点、人天、人月、人年。成本一般采用货币单位。

对于软件项目而言，全项目寿命周期成本是开发成本加维护成本的总和。在维护期，开发商不但需要继续保证远程的技术支持、系统维护、程序修改和使用培训，在特定的情况下，还必须承诺在多少响应时间内到达现场的维护，这些都是费用。

4.1.2 成本管理

项目成本管理涉及在一个允许的预算范围内确保项目团队完成一个项目所需要开展的管理过程。

虽然项目成本管理主要关心的是完成项目活动所需资源的费用，但也必须考虑项目决策对项目产品、服务或成果的使用费用、维护费用和支持费用的影响。例如，限制设计审查的次数有可能降低项目费用，但同时就有可能增加客户的运营费用。广义的项目成本管理通常称为生命期成本估算。生命期费用估算经常与价值工程技术结合使用，可降低费用，缩短时间，提高项目可交付成果的质量和绩效，并优化决策过程。

项目成本管理应当考虑项目利害关系者的信息需要，不同的利害关系者可能在不同的时间，以不同的方式测算项目的费用。例如，物品的采购费用可在做出承诺、发出订单、送达、货物交付时测算，或在实际费用发生时，或为会计核算目的记录实际费用时进行测算。成本管理包括四个过程：

（1）资源计划过程。决定完成项目各活动需要哪些资源（人、设备、材料）以及每种资源的需要量。

（2）成本估算过程。完成项目各活动所需每种资源成本的近似值。

（3）成本预算过程。把估算总成本分配到各具体工作。

（4）成本控制过程。控制项目预算的改变。

4.2 资源计划的确定

为了对项目进行成本管理，首先，项目经理要确定完成项目所需要的资源和资源的数量。影响项目资源计划的主要因素是组织和项目本身的特征，因此，确定项目资源计划的最主要方法，是依靠了解组织和同时拥有类似项目经验的人员，依靠历史经验、数据和专家的判断，确定项目需要什么资源。

4.2.1 确定资源需求

通过了解项目、历史经验和组织状况来确定项目需要的资源。项目需要的资源主要包括：

（1）人力资源。项目人力资源需求的规格说明，根据项目的阶段、任务层次、职责的不同，可以有很多划分。一般要表明他的角色、能力、职责、全职和半职等。

（2）开发环境。在软件项目中，最主要的物质资源就是计算机设备，可能包括主机、网络环境、系统环境、开发工具、个人环境等。环境的需求规格说明可以直接用计算机硬件和软件的规格说明表示。

（3）项目组构成。项目组是项目最核心的资源。项目组并不是简单的人力资源的组合，如果是那样，项目是很难顺利完成的。如果把人力资源看作项目的物理元素，则项目组就是项目的逻辑结果。

（4）组织内部的支持与协调能力。项目实现所需要的技术不能算作项目向组织获取资源，因为某些组织或项目组所不具备的技术，可能正是项目组通过项目的开发而得到的。而需要通过在组织内部的支持和协调能力，则是项目组可以向组织提出并有权利获得的。项目的有些实施过程和责任，可能并不在项目组，例如，采购、物流、检验、销售、硬件安装和调试等，这些工作在组织的其他部门，组织应提供这些在项目组外部的资源并协调与项目组的配合。

（5）外部协调。与用户在项目实施过程中的协调，是项目经理的责任。但是，有时在某些重大问题上，组织高层需要与用户高层进行协调和沟通，甚至需要进行必要的公关工作，这是组织必须提供的支持资源。

（6）资金与财务。

（7）企业环境和文化激励政策。这是所有企业都应该具有的正向激励机制。

4.2.2　资源计划编制

资源计划编制过程是确定为完成项目各活动需什么资源和这些资源的数量的过程。资源计划编制是为以后成本估算服务的。

（1）资源服务计划编制过程的输入包括工作分解结构、历史资料、范围的陈述、资源库的描述、组织策略和活动历时估算。

（2）资源计划的工具和方法包括专家判断、替代方案的确认和项目管理软件。

（3）资源计划的输出是对 WBS 下的每一工作需要什么资源以及资源的数量，这些资源可以通过人员引进或采购予以解决。

4.2.3　资源计划

通过提出要求、分析和调整，项目经理获得了对该项目的资源计划结果。资源计划一般关注资源内容和资源在时间上的分配。因此，资源计划是资源和时间的一系列配合表。

在软件项目中，人力资源是最主要和最复杂的资源需求，表 4-1 为一个模拟的软件项目各阶段的人力资源需求表。

表 4-1　软件项目各阶段的人力资源需求表

任务名称	人力资源名称	工作量/人月	资源数量/人	工期/月
项目经理	项目经理	10	1	10
系统需求分析	系统设计师	4	2	2
系统概要设计	系统设计师	2	2	1

续表

任 务 名 称	人力资源名称	工作量/人月	资源数量/人	工期/月
系统详细设计	系统设计师	6	3	2
系统架构设计	系统架构师	1	1	1
核心模块编码	高级程序员	12	4	3
业务模块编码	高级程序员	15	5	3
一般模块编码	初级程序员	32	8	4
单元测试	测试工程师	16	2	8
集成测试	高级测试工程师	4	2	2
文档编写	文档编辑	20	2	10
合计	—	122	—	—

从表 4-1 中可以明确地知道该项目需要什么人、什么时候需要，人力资源在整个项目周期中的分布和累积情况。

4.3 成 本 估 算

4.3.1 成本估算的类型

项目成本管理的一个主要输出是成本估算，成本估算的类型包括以下三种：

（1）粗数量级估算（ROM）。它是估算一个项目将花费多少钱。ROM 又称大致估算、猜测估算、科学粗略剖析性猜测和大体的猜测等。一个 ROM 估算的准确程度一般在-50%～100%之间。例如，一个 ROM 预算为 100 000 美元的项目，它的实际花费是 50 000～200 000 美元。对于软件项目估算，这一范围经常还要更宽一些。

（2）预算估算/概算。它是为把资金分配到一个组织所做的预算。预算估算的精度在-10%～25%。例如一个 100 000 美元的项目实际成本会在 90 000～125 000 美元。

（3）确定性估算。它提供了项目成本的精确估算。确定性估算的精度在-5%～10%之间。例如，一个确定性估算 100 000 美元的项目，实际成本会在 95 000～110 000 美元。表 4-2 列出了成本估算的类型。

表 4-2 成本估算的类型

估 计 类 型	什么时候做	为 什 么 做	精 度 范 围
粗数量级	项目生命周期前期，经常是项目完成前的 3～5 年	提供选择决策的成本估算	-50%～100%
预算估算/概算	早期，1～2 年	把资金分配到预算计划	-10%～25%
确定性	项目后期，少于 1 年	为采购提供详细内容，估算实际费用	-5%～10%

4.3.2 成本估算的方法

成本估算是从成本的角度对项目进行规划。在项目管理过程中，为了使时间、费用和工作范围内的资源得到最佳利用，人们开发了不少成本估算方法，以尽量得到较好的估算。

概括起来，主要依靠工作分解结构、资源需求计划、工作的延续时间、资源的基础成本、历史资料和会计科目表来进行估算。常用的成本估算方法包括：

1. 代码行方法

代码行（LOC）是从软件程序量的角度定义项目规模。代码行指所有可执行的源编码行数，包括可交付的工作控制语言语句、数据定义、数据类型说明、等价声明、输入/输出格式声明等。单位编码行的价值和人月编码行数可以体现一个软件生产组织的生产能力。组织可以根据历史项目的审计来核算组织的单行编码价值。

例如，某软件公司统计发现该公司某项目源编码为 15 万行，该项目累计投入工作量为 240 人月，每人月费用为 10 000 元，则该项目中 1 LOC 的价值为

$$(240 \times 10\,000)\text{元}/150\,000=16\ \text{元/LOC}$$

该项目的人月均编码行为 150 000 LOC/240 人月=625 LOC/人月

2. 功能点方法

1979 年 Albrecht 在 IBM 公司工作时在研究编程生产率时，需要一些方法来量化程序的规模，而又与编程语言无关。他提出了功能点（Function Point，FP）的思想。该方法包括两个评估，即评估产品所需要的外部用户类型，然后根据技术复杂度因子对它们量化，产生产品规模的最终结果。

功能点分析是基于计算机的信息系统，主要由五部分组成，或者在 Albrecht 的术语中由五个使用户受益的外部用户类型组成：

（1）外部输入类型。更新内部计算机文件的输入事务。

（2）外部输出类型。输出数据给用户的事务。通常这些数据是打印的报告，因为屏幕显示可以归入外部查询类型。

（3）内部逻辑文件类型。系统使用的固定文件。文件指的是一起访问的一组数据，可能由一个或多个记录类型组成。

（4）外部逻辑文件类型。允许输入和输出从其他计算机应用程序传出或传入。例如，从一个订单处理系统传送账务数据到主分类账系统，或者在磁介质或电子介质上产生一个直接借记细节文件传递给银行自动结算系统。应用程序之间的共享文件也可以计算在内。

（5）外部查询类型。由提供信息的用户引发的事务，但不更新内部文件。用户输入信息来指示系统得到需要的详细信息。

分析人员需要标识出计划系统中每个外部用户类型的每个实例。然后每个构件被分类为高、中或低三种复杂度。表 4-3 是复杂度因子权重。

表 4-3　Albrecht 复杂度因子

外部用户类型	低	中	高
外部输入类型	3	4	6
外部输出类型	4	5	7
内部逻辑文件类型	7	10	15
外部逻辑文件类型	5	7	10
外部查询文件类型	3	4	6

因为一个信息系统所需要的工作量不仅与提供的功能点的数目和复杂度有关，而且和系统要在其中运行的环境有关，所以算出未调整功能点总数 UFC 后，还需要根据项目具体情况，对各个技术复杂度参数进行调整。调整因子是一种补偿机制，即通过五个功能点和复杂度都还没有办法考虑到的因素就应该作为调整因子。如同一个软件系统，一种是系统要支持分布式和自动更新，而另一种是不考虑这种需求，如果不考虑调整因子这两者的规模是一样的，但很明显第一种情况复杂程度和规模都会更大些。目前标识了 14 个与实现系统相关的困难程度的影响因素，简称技术复杂度因子（Technical Complexity Factor，TCF）。表 4-4 是 14 个技术因素，表 4-5 是每个因素取值情况。

表 4-4　技术复杂度因子

序　　号	技术复杂度因子	序　　号	技术复杂度因子
F_1	可靠的备份和恢复	F_8	在线升级
F_2	数据通信	F_9	复杂界面
F_3	分布式函数	F_{10}	复杂数据处理
F_4	性能	F_{11}	重复使用性
F_5	大量使用的配置	F_{12}	安装简易性
F_6	联机数据输入	F_{13}	多重站点
F_7	操作简单性	F_{14}	易于修改

表 4-5　技术因素的取值情况

调整系数	描　　述	调整系数	描　　述
0	不存在或者没有影响	3	平均的影响
1	不显著的影响	4	显著的影响
2	相当的影响	5	强大的影响

计算功能点的步骤如下：

（1）计算 UFC。UFC 代表未调整功能点计数，由估算人员识别出软件项目中五个功能项的数量，然后再由估算人员对每一项的复杂性作出判断。一般复杂性分为高、中和低三种，每种复杂性的权值如表 4-3 所示。最后把每个功能项按照复杂度加权后得出的总和就是项目未调整的功能点数 UFC（Unadjusted Function Point Count，UFC）。

（2）计算 TCF。

$$TCF=0.65+0.01(SUM(Fi))$$

其中，$i=0\sim14$，$Fi=0\sim5$，$TCF=0.65\sim1.35$。

（3）计算 FP。

功能点计算公式为：$FP=UFC\times TCF$。

例 4-1 一个软件的五类功能计数项如表 4-6 表示，假设这个软件项目所有的技术复杂程度都是显著的影响，计算这个软件的功能点。

表 4-6　软件需求的功能计数项

外部用户类型	低	中	高
外部输入类型	6	4	3
外部输出类型	7	5	4
内部逻辑文件类型	2	4	6
外部逻辑文件类型	3	4	5
外部查询文件类型	3	2	4

答案：FP=UFC × TCA

UFC=6 × 3+4 × 4+3 × 6+7 × 4+5 × 5+4 × 7+2 × 7+4 × 10+6 × 15+

3 × 5+4 × 7+5 × 10+3 × 3+2 × 4+4 × 6=411

TCA=0.65+0.01(SUM(Fi))=0.65+0.01 × 14 × 4=1.21

FP=UFC × TCF=497.31

3．类比估算法

类比估算指利用过去类似项目的实际费用作为当前项目费用估算的基础。当对项目的详细情况了解甚少时（如在项目的初期阶段），往往采用这种方法估算项目的费用。类比估算的费用通常低于其他方法，但其精确度通常也较差。此种方法在以下情况下最为可靠：以往项目的实质相似，而不只是表面上相似，并且进行估算的个人或集体具有所需的专业知识。

4．自下而上估算

这种技术是指估算个别工作包或细节最详细的计划活动的费用，然后将这些详细费用汇总到更高层次，以便于报告和跟踪目的。自下而上估算方法的费用与准确性取决于个别计划活动或工作包的规模和复杂程度。一般，需要投入量较小的活动可提高计划活动费用的估算的准确性。

这种估算方法在应用之前，估算者必须先了解待开发软件的范围。软件范围包括功能、性能、限制、接口和可靠性等。在估算之前，应对软件范围进行适当的细化以提供较详细的信息。

例 4-2 现有一个计算机辅助设计 CAD 应用软件包，根据系统定义，得到一个初步的软件范围说明如下：

“软件接收来自操作员的二维或三维几何数据。操作员通过用户界面与系统进行交互并控制其运行，该用户界面具有良好的人机接口设计特征。所有的几何数据和其他支持信息保存在一个 CAD 数据库中。开发一些设计分析模块以产生在各种图形设备上的输出。软件在设计中要考虑与外围设备（简称外设）进行交互并控制其运行，包括鼠标、数字化仪器和激光打印机。”

对上述软件范围的叙述进一步细化，并识别出软件包具有以下的主要功能：

用户界面及控制、二维几何分析、三维几何分析、数据库管理、计算机图形显示、外设控制、设计分析模块。

然后，对每一功能估算相应的代码行数，再根据历史数据得出每一功能的成本和相应的工作量，最后汇总成系统的总成本和总工作量。其计算过程如表 4-7 所示。

表 4-7 基于 LOC 的成本估算表

功能	最少代码行数 a/行	最可能代码行数 m/行	最多代码行数 b/行	期望代码行数 $(a+4m+b)/6$/行	每行代码成本/元	每人每月平均生产率/行	成本/元	每人每月工作量
用户界面及控制	2 000	2 400	2 600	2 366	20	700	47 320	3
二维几何分析	4 000	5 000	7 000	5 166	30	300	154 980	17
三维几何分析	5 000	7 000	8 000	6 833	30	200	204 990	34
数据库原理	3 000	3 500	3 800	3 466	25	600	86 650	6
计算机图形显示	4 000	5 000	6 000	5 000	40	300	200 000	17
外设控制	2 000	2 100	2 400	2 133	50	200	106 650	11
设计分析模块	6 000	8 000	10 000	8 000	25	300	200 000	27
总计	—	—	—	32 964	—	—	1 000 590	115

注：在上述计算中，期望代码行只精确到个位，工作量精确到个位。其中，成本=期望代码行数×每行代码成本；工作量=期望代码行数÷平均生产率。

5. 专家估算法

Delphi 方法是最流行的专家评估技术，在没有历史数据的情况下，这种方法适用于评定过去与将来、新技术与特定程序之间的差别，但专家“专”的程度及对项目的理解程度是工作中的难点，尽管 Delphi 技术可以减轻这种偏差，专家评估技术在评定一个新软件时通常用得不多，但是，这种方式对决定其他模型的输入特别有用。Delphi 方法鼓励参加者就问题相互讨论，这个技术要求具有多种软件相关经验的人参与，互相说服对方。

Delphi 方法的估算步骤是：

（1）协调人向各专家提供项目规格和估算表格，召集小组会，各专家讨论与规模有关的因素，请专家估算。

（2）专家对该软件提出三个规模的估算值，最小值 a_i，最可能值 m_i，最大值 b_i。

（3）协调人对专家在表格中的答复进行整理，计算每位专家的估算值 $E_i=(a_i+4m_i+b_i)/6$，然后算出估算值 $E=(E_1+E_2+\cdots+E_n)/n$。

（4）协调人整理出一个估算总结，以迭代表的形式返回专家。

（5）协调人召集小组会，讨论较大的估算差异。

（6）专家重复估算总结，并在迭代表上提交另一个匿名估算。

（7）重复（4）～（6），直到一个最低和最高估算一致。

6. 参数估算法

参数估算法是一种运用历史数据和其他变量之间的统计关系，来计算计划活动资源的费用估算的技术。这种技术估算的准确度取决于模型的复杂性及其涉及的资源数量和费用数据。与费用估算相关的例子是，将工作的计划数量与单位数据的历史费用相乘得到估算费用。

4.3.3 成本估算的过程

概括起来，成本估算主要靠以下输入来进行估算：工作分解结构、资源需求计划、工作的延续时间、资源的基础成本、历史资料、会计科目表。

1. 对任务的分解

由于已经确定了项目的目标和范围，可以把项目分为六个主要阶段，图 4-1 标出了时间进度和人力资源需求。

	任务名称	比较基准开始时间	比较基准完成时间	开始时间	完成时间	资源名称
1	⊟ ***管理系统	2014年5月5日	2014年7月1日	2014年5月5日	2014年6月3日	
2	⊟ 软件规划	2014年5月5日	2014年5月6日	2014年5月5日	2014年5月6日	
3	项目规划	2014年5月5日	2014年5月5日	2014年5月5日	2014年5月5日	王,张
4	计划评审	2014年5月6日	2014年5月6日	2014年5月6日	2014年5月6日	王,张,李,赵
5	⊟ 需求开发	2014年5月7日	2014年5月14日	2014年5月8日	2014年5月16日	
6	需求调研	2014年5月7日	2014年5月7日	2014年5月8日	2014年5月8日	李
7	需求分析	2014年5月8日	2014年5月8日	2014年5月12日	2014年5月12日	张,李
8	需求评审	2014年5月9日	2014年5月9日	2014年5月13日	2014年5月13日	张,王,李,赵
9	修改需求、修改界面原型	2014年5月12日	2014年5月12日	2014年5月14日	2014年5月14日	张,李
10	编写需求规格说明书	2014年5月13日	2014年5月13日	2014年5月15日	2014年5月15日	张
11	需求验证	2014年5月14日	2014年5月14日	2014年5月16日	2014年5月16日	王,赵,刘
12	⊟ 设计	2014年5月13日	2014年5月16日	2014年5月15日	2014年5月22日	
13	概要设计	2014年5月13日	2014年5月13日	2014年5月15日	2014年5月16日	李
14	人机界面设计	2014年5月14日	2014年5月14日	2014年5月19日	2014年5月19日	王
15	数据库及算法设计	2014年5月15日	2014年5月15日	2014年5月20日	2014年5月20日	张
16	编写设计规格说明书	2014年5月16日	2014年5月16日	2014年5月21日	2014年5月21日	张
17	设计评审	2014年5月16日	2014年5月16日	2014年5月22日	2014年5月22日	张,王,李,赵,刘
18	⊟ 实施	2014年5月16日	2014年6月25日	2014年5月21日	2014年5月28日	
19	高校新闻头条	2014年5月16日	2014年5月20日	2014年5月21日	2014年5月23日	张
20	会议通知和公告	2014年5月16日	2014年5月16日	2014年5月21日	2014年5月21日	李
21	电子课表	2014年5月19日	2014年5月19日	2014年5月22日	2014年5月22日	李
22	电子地图	2014年5月21日	2014年5月22日	2014年5月26日	2014年5月27日	张
23	互动BBS	2014年5月20日	2014年5月20日	2014年5月28日	2014年5月28日	李
24	⊟ 系统集成	2014年5月21日	2014年5月22日	2014年5月29日	2014年5月30日	
25	系统集成测试	2014年5月21日	2014年5月21日	2014年5月29日	2014年5月29日	张,李
26	环境测试	2014年5月22日	2014年5月22日	2014年5月30日	2014年5月30日	张,李,赵,刘
27	⊟ 提交	2014年5月23日	2014年5月30日	2014年6月2日	2014年6月3日	
28	完成文档	2014年5月23日	2014年5月28日	2014年6月2日	2014年6月2日	张,李,赵
29	验收、提交	2014年5月29日	2014年5月30日	2014年6月3日	2014年6月3日	张,王,李,赵,刘

图 4-1 时间进度和人力资源需求

2. 获得成本科目单价

对资源的单价进行标定：对于这个项目来说，直接成本包括两个部分，即人力资源成本和项目的费用。

通过公司有关部门提供的成本单价资料，可获得如下成本：人力资源成本、差旅交通费、差旅补贴、市内交通、通信费用、住宿费用和其他费用。其中其他费用属于临时性、突发性、小额的费用。比如，临时租一个会议场地、临时购买复印材料等，可以根据情况作一个大致的估算。

根据 WBS 的“颗粒度”，可以把单价定为每月，也可以细化到周。本例按周列出各成本科目的单价，如表 4-8 所示。

表 4-8 按周列出各成本科目的单价 （单位：元）

阶段目标	人数	时间	工资	差旅交通	补贴	市内交通	通信费用	住宿费用	其他费用	阶段合计
人周单价		周	1 000	4 080	490	50	50		20 000	

3．从进度计划获得工作地点和延续时间

工作分解结构 WBS 给出了每一任务的持续时间和工作地点，这是成本估算的主要数据依据。

在软件项目中，某一阶段的工作场地在公司、还是在用户现场，持续时间多长，需要在现场呆多长时间，是项目成本计划的核心问题。

4．进行成本估算

根据 WBS 的每项工作的持续时间、工作地点、人数，以及有关费用的单价，计算出项目期间的直接成本费用数，如表 4-9 所示。

表 4-9 项目期间的直接成本费用数

阶段目标	人数/人	时间/周	周工资/元	差旅费用/元	周补贴/元	市内交通/元	通信费用/元	住宿费用/元	其他费用/元	阶段合计
人周单价			1 000	4 080	490	50	50		2 000	
用户需求评估与项目计划确认	4	1						2 940		
对对方需求进行调研	2	1								
对方提出原则性修改意见	1	1								
数据格式提供	1	1								
网络环境准备、试点单位确定、基础数据确定	0	2	0				0			0
服务器及第三方软件到货	1	2								
服务器及第三方软件安装调试、系统安装调试	2	1						4 000		
数据录入培训	3	0								
系统试运行、系统使用培训、数据录入督导	3	2								
系统前期维护	1	8								
系统二次开发总体方案确定	5	3								
系统二次开发的概要设计	5	0								
系统二次开发的详细设计	5	0								
代码实现	5	0								
内部测试	5	0								
二次开发新版本的用户测试	2	1								
系统用户文档修改	1	1								
二次开发的新系统提交	2	1								

续表

阶段目标	人数/人	时间/周	周工资/元	差旅费用/元	周补贴/元	市内交通/元	通信费用/元	住宿费用/元	其他费用/元	阶段合计
系统初验	2	1						2 100		
系统维护相关文档修改	1	1								
系统终验	1	24	24 000					1 050		
合计	45	23	72 600							185 034

最后获得项目的直接成本为 185 034 元，这个估算的初步结果对项目可能发生的直接费用进行了估算。

不论用什么方式作出的估算，都是在一些前提、假定和约束、有效范围等情况下进行的，为了便于理解、执行、检查，也便于以后总结，在作出估算后，要对估算的结果和这些假设、前提条件、有效范围作出说明。

4.4 成本预算

成本预算是在确定总体成本后的分解过程。分解主要是做两方面的工作：按工作分摊成本、按工期时段分摊成本。

在软件项目中，两个过程是紧密联系的。首先，没有任务分解，实际上就不可能得到总的项目成本。或者说，软件的项目成本一般是根据工作分解，然后自底向上，根据任务、进度推算出来的。

在项目经理完成项目的估算之后，应提交给组织的相应部门，对估算进行审核和批准，使项目预算成为项目管理和控制、考核的正式文件。

4.5 成本控制

项目成本控制包括监督成本绩效，确保在修订的成本基线中只包括适当的项目变更，并将对成本有影响的授权变更通知到项目的利益相关者。成本控制过程的输入包括项目管理计划、项目资金需求、工作绩效业绩和组织过程资产等，输出则包括工作绩效测量结果、成本预测、组织过程资产更新、项目管理计划更新和项目文件更新等。

第5章 软件项目时间管理

项目时间管理是项目管理的核心，如何有效、合理地安排项目各项工作的时间是项目执行前必须要解决的。项目时间管理就是确保项目按时完成的过程。项目时间管理涉及6个过程：活动定义、活动排序、活动资源估计、活动工期估计、进度安排、进度控制。

5.1 基本概念

5.1.1 活动定义

活动定义是这样一个过程，它涉及确认和描述一些特定的活动，完成了这些活动就意味着完成了WBS结构中的项目细目和子细目。

活动定义的输入包括：工作分解结构图、范围的描述、历史的资料、约束因素和假设因素。

活动定义的输出产生三个结果：活动目录、详细说明和工作分解结构的更新。

一般，范围的描述包括以下内容：

（1）范围描述。用表格的形式列出项目目标、项目范围、项目如何执行、项目完成计划等。

（2）目的。对项目的总体要求做一个概要性的说明。

（3）用途。项目范围描述是制作项目计划和绘制工作分解结构图的依据。

（4）依据。项目章程、已经通过的初步设计方案和批准后的可行性报告等。

（5）项目描述表格的主要内容是项目名称、项目目标、交付物定义、交付物完成验收标准、工作描述、工作规范、所需资源的初步估计、重大里程碑事件等。

5.1.2 活动排序

活动排序指识别与记载计划活动之间的逻辑关系。在按照逻辑关系安排计划活动顺序时，可加入适当的时间提前与滞后量，只有这样在以后才能制定出符合实际和可以实现的项目进度表。

活动之间的相互关系有三种：

（1）强制依赖关系。强制依赖关系是活动本身存在的、无法改变的逻辑关系。项目管理团队在确定活动先后顺序的过程中，要明确哪些依赖关系属于强制性的。强制依赖关系指工作性质所固有的依赖关系。它们往往涉及一些实际的限制。例如，在施工项目中，只有基础完成之后，才能开始上部结构的施工，在电子项目中，必须先制作原型机，然后才能进行测试，在软件项目中，先做完需求分析，才能做总体设计。

（2）自由依赖关系。自由依赖关系是人为组织确定的，两项活动可先可后的组织关系。项目管理团队在确定活动先后顺序的过程中，要明确哪些依赖关系属于自由逻辑关系。软件逻辑关系要有完整的文字记载，因为它们会造成总时间不确定，失去控制并限制今后进度安排方案的选择。例如，安排计划的时候，哪个模块先做，哪个模块后做，哪些任务先做好一些，哪些任务同时做好一些，都可以由项目经理确定。自由依赖关系的确定一般比较难，它通常取决于项目管理团队的知识和经验，因此，自由依赖关系的确定对于项目的成功实施是至关重要的。

（3）外部依赖关系。外部依赖关系是项目活动与非活动之间的依赖关系。项目管理团队在确定活动先后顺序的过程中，要明确哪些依赖关系属于外部依赖。例如，系统安装依赖外购产品和服务的提供；软件项目测试活动的进度可能取决于来自外部的硬件是否到货；施工项目的场地平整，可能要在环境听证会之后才能动工。活动之间的这种依赖可能要依靠以前性质类似的项目历史信息或者卖方合同或建议。

项目管理团队要确定可能要求加入时间提前与滞后量的依赖关系，以便准确地确定逻辑关系。时间提前与滞后量，以及有关的假设要形成文件。

利用时间提前量可以提前开始后继活动。例如，技术文件编写小组可以在写完长篇文件初稿（先行活动）整体之前 15 天着手第二稿（后继活动）。

利用时间滞后量可以推迟后继活动。例如，为了保证混凝土有 10 天养护期，可以在完成对开始关系中加入 10 天的滞后时间，这样一来，后继活动就只能在先行活动完成之后开始。

5.2　进度估算方法

5.2.1　活动资源估算

活动资源估算就是确定在实施项目活动时要使用何种资源（人员、设备或物资），每一种使用的数量，以及何时用于项目计划活动。活动资源估算过程和成本估算过程紧密结合。

例如，施工团队必须熟悉当地的建筑法规。这类知识从当地的卖方那里不难获取。但是如果当地可用的人力资源缺乏特殊或专门的施工技术，那么付出一笔额外费用延聘咨询人员，可能是了解当地建筑法规的最有效方式；汽车设计团队需要熟悉最新的自动装配技术。获取必要知识的途径包括聘请一位咨询人员，派一位设计人员出席机器人研讨会，或者把来自生产岗位的人员纳入设计团队等。

资源估算的主要输入包括组织过程资产、活动清单、活动属性、资源可利用情况等。

专家判断、备选方案分析、估算数据和项目管理软件都是有助于资源估计的可行工具。

资源估算过程的主要输出包括：活动资源清单、资源分解结构、变更申请以及对活动属性和资源日历的更新。如果分配给初级员工很多任务，那项目经理可能会分配额外的时间和资源来帮助培训和指导这些员工。活动资源估算不仅是活动工期估算的基础，而且还为项目成本管理、项目人力资源管理、项目沟通管理及项目采购管理提供了重要的信息。

5.2.2 活动工期估算

活动工期是开展活动的实际时间加上占用时间。例如，尽管可能只花一周或五天就能完成一项实际的工作，但估算的工期可能是两周，目的是根据外部信息留出一些额外的时间进行调整。分配给一项任务的资源也会影响该任务的工期估算。

人工量是指完成一项任务所需的工作天数和工作小时。工期估算是指时间估算，而不是人工量估算。在项目进展过程中进行工期估算或更新工期估算时，项目团队成员必须验证他们的假设。实际上，工作执行者在做活动工期估算时是最有发言权的，因为要根据能否按工期完成活动来评估他们的工作绩效。如果项目的范围发生了变化，应更新工期估算以反映这些变化。回顾类似的项目和寻求专家的建议将有助于做好活动工期估算。

进行活动工期估算的输入包括活动清单、活动属性、活动资源需求、资源日历、项目范围说明、企业环境因素和组织过程资产所包含的信息。

常用的活动工期估算方法包括：

1. 基于规模的进度估算

（1）定额估算法是根据项目规模估算的结果来推测进度的方法。$T=Q/R\times S$。此方法适用于规模比较小的项目。

其中：T 代表活动的持续时间，可以用小时、日、周等表示。

Q 代表活动的工作量，可以用人天、人月、人年等表示。

R 代表人力或设备的数量，可以用人或设备数表示。

S 代表开发（生产）效率，以单位时间完成的工作量表示。

例 5-1 一个软件项目的规模估算是 6 人月，如果有 2 个开发人员，而每个开发人员的开发效率是 1.5，则该项目工期为多少？

答案：$T=Q/R\times S$=6 人月/2×1.5=2 月。

（2）经验导出模型。

经验导出模型是根据大量项目数据统计而得出的模型，经验导出模型为 $D=a\times E^{b}$。

其中，D 代表活动的持续时间。

E 代表活动的工作量，可以用人天、人月、人年等表示。

a 代表 2～4 之间的参数。

b 代表 1/3 左右的参数。

例 5-2 一个项目的规模估算是 27 人月，如果模型中的参数 $a=3$，$b=1/3$，则该项目工期为多少？

答案：$D=a\times E^{b}=3\times 27^{1/3}=9$ 人月。

2. 专家估算法

由于影响活动持续时间的因素太多，如资源的水平或生产率，所以常常难以估算。只要有可能，就可以利用以历史信息为根据的专家判断。各位项目团队成员也可以提供持续时间估算的信息，或根据以前的类似项目提出有关最长持续时间的建议。如果无法请到这种专家，则持续时间估算中的不确定性和风险就会增加。

3．类比估算法

类比估算就是以从前类似计划活动的实际持续时间为依据，估算将来的计划活动的持续时间。当有关项目的详细信息数量有限时，如在项目的早期阶段就经常使用这种办法估算项目的持续时间。类比估算利用历史信息和专家判断。

4．关键路径法

关键路径法(Critical Path Method ,CPM)是杜邦公司开发的技术，它是根据制定的网络图逻辑关系进行的单一的历时估算，首先计算每一个活动的单一的、最早和最晚开始和完成日期，然后计算网络图中的最长路径，以便确定项目的完成时间估算。

5．三点估算法

考虑原有估算中风险的大小，可以提高活动持续时间估算的准确性。三点估算就是在确定三种估算的基础上做出的。估计活动执行的三个时间，乐观持续时间 a，悲观持续时间 b，最可能持续时间 m，对应于 PERT 网络期望时间 $t=(a+4m+b)/6$。

例 5-3 某一工作正常情况下的活动时间是 15 天，在最有利的情况下其活动时间是 9 天，在最不利的情况下其活动时间是 18 天，那么该工作的最可能完成时间是多少？

答案： $t=(a+4m+b)/6=(9+4\times15+18)$天$/6=14.5$ 天。

6．参数估算法

参数估算法是将应当完成的工作量乘以生产率时，就可以估算出活动持续时间的基数。

7．自上而下经验比例法

如果估算工作量时，项目经理是根据类推法、专家法给出的整个项目的工作量，那么计算出来的都是整个项目的历时，而没有给出项目各个阶段的历时，这种情况下仍然没有制定出进度计划来。通常此时需要采用经验比例法，把整个项目的历时按照经验划分到每个阶段上，从而得出每个阶段的历时，比如可以得出需求历时、设计历时、代码历时。有了阶段历时后，则再根据识别的任务，进行阶段任务分配和排序，把这些时间根据经验分到各个任务上，对各个任务再进行工作量和开发时间的分配，这种方法可以看成是自上而下的经验比例进度估算法。

阶段历时的经验比例，现在有很多种，各个公司也有自己的不同值，下面给出几种参考的经验比例。

① 简单比例。为了简单，制定软件项目进度计划时有个 40-20-40 规则，即整个软件开发过程中，编码工作量仅占 20%，编码前工作量占 40%，编码后工作量占 40%。40-20-40 规则只能够作为一个指南，因为它太粗糙了。实际工作量分配比例必须按照各项目的特点来决定。

② 设计和开发详细比例。McConnell 在其书《软件项目生存指南》也给出了一个比例。如表 5-1 所示。表中没有给出需求分析阶段的比例，因为他认为需求分析要另外花费项目的 10%～30%的时间，而且配置管理和质量管理分别占总项目成本的 3%～5%，因此，一个项目应该给出 10%～15%的比例进行项目管理和支持活动。

表 5-1 设计和开发详细比例表

生命周期阶段	小项目/%	大项目/%
架构设计	10	30
详细设计	20	20
代码开发	25	10
单元测试	20	5
集成测试	15	20
系统测试	10	15

③ Walker Royce 比例表。Walker Royce 在其《软件项目管理》一书中给出如表 5-2 所示的比例表，该表考虑得更全面，还考虑了环境的配置和项目实施阶段。

表 5-2 Walker Royce 比例表

项 目 管 理	比例/%
管理工作	5
需求分析	5
设计	10
编码和单元测试	30
集成和系统测试	40
项目实施	5
环境配置	5

以上比例都只是作为参考，项目经理在实际工作中需要根据自己团队成员情况、项目情况、公司历来水平确定合理的比例。

进行活动工期估算的输出包括活动工期的估算和项目文件更新。

5.3 进 度 安 排

5.3.1 进度安排概念

进度安排就是依据项目时间管理前几个过程的结果确定项目的开始和结束日期。进度安排的最终目标是编制一份切实可行的项目进度表，从而在时间维度上为监控项目的进展情况提供了依据。

进度安排的主要依据是组织过程资产、项目范围说明书、活动清单、活动属性、活动资源要求、资源日历、活动持续时间估算等。

有两种进度安排方式：

（1）系统最终交付日期已经确定，软件开发组织在这一约束下将工作量进行分配。

（2）系统最终交付日期只确定了大致的期限，最终发布日期由软件开发组织确定，工作量以一种能够最好地利用资源的方式进行分配。

但是，在实际工作中，第一种方式出现的频率远远高于第二种。显然，如果不能按期完成，将会引起用户不满，甚至导致市场机会的丧失和成本的增加。因此，合理分配工作量，利用进度安排的有效方法监控软件开发的进展，对于大型而复杂的软件开发项目显得尤为重要。

有一种被称为 40-20-40 规则的工作量分配建议方案常用于软件项目的工作量分配。它指出，在整个软件开发过程中，编码的工作量约占 20%，编码前的工作量占 40%，编码后的工作量也占 40%。显然，这一分配方案是不强调编码工作的。现在，对于大型软件项目而言，编码工作所占的工作量份额还在进一步缩小。

这种工作量分配方案只能作为工作量分配的指导原则。一般在计划阶段所需工作量很少超出项目总工作量的 2%～3%，除非是具有高风险的巨资项目。需求分析可能占用项目工作量的 10%～25%，用于分析或原型开发的工作量与项目规模和复杂度成正比增长。通常有 20%～25%的工作量用于软件设计，用于设计评审和迭代修改的时间也必须计算在内。由于设计时完成了相当的工作量，所以编码工作变得相对简单，用 15～20%的工作量就可以完成。测试和随后的调试工作约占 30%～40%的工作量，且测试的工作量取决于软件的质量特性要求。

例如对 CAD 应用开发软件包的每项功能的每项开发活动进行工作量分配，可得如表 5-3 所示的分配方案。

表 5-3　CAD 应用开发软件包工作量分配方案　（单位：人月）

名　称	需求分析	设　计	编码与单元测试	集成测试
用户界面	0.5	1.0	0.5	1.0
二维几何分析	3.0	5.0	3.0	6.0
三维几何分析	7.0	10.0	6.0	11.0
数据库管理	1.0	2.0	1.0	2.0
图形显示	3.0	5.0	3.0	6.0
外设控制	2.0	3.5	1.5	4.0
设计分析	5.0	8.0	5.0	9.0

5.3.2　软件进度安排表示法

软件项目的进度安排一般以图形的方式展现。图形表示可以简单直观地看出项目的进度计划和工作的实际进展情况的区别、各项任务之间进度的相互依赖关系和资源的使用状况，从而有利于进度管理。一般进度管理有三种图形表示法：甘特图、网络图和里程碑图。

1. 甘特图

甘特图可以显示任务的基本信息，使用甘特图能方便地看到任务的工期、开始和结束时间以及资源的信息。甘特图的优点是简单、明了、直观、易于编制，因此到目前为止仍然是小型项目中常用的工具。即使在大型工程项目中，它也是管理层了解全局、基层安排进度时有用的工具。

甘特图有两种表示方法，这两种方法都是将工作分解结构中的任务排在垂直轴，而时间排在水平轴。一种是棒状图，用棒状表示任务的起止时间，空心棒状图代表计划起止时间，实心棒状图代表实际起止时间。棒状甘特图如图 5-1 所示。

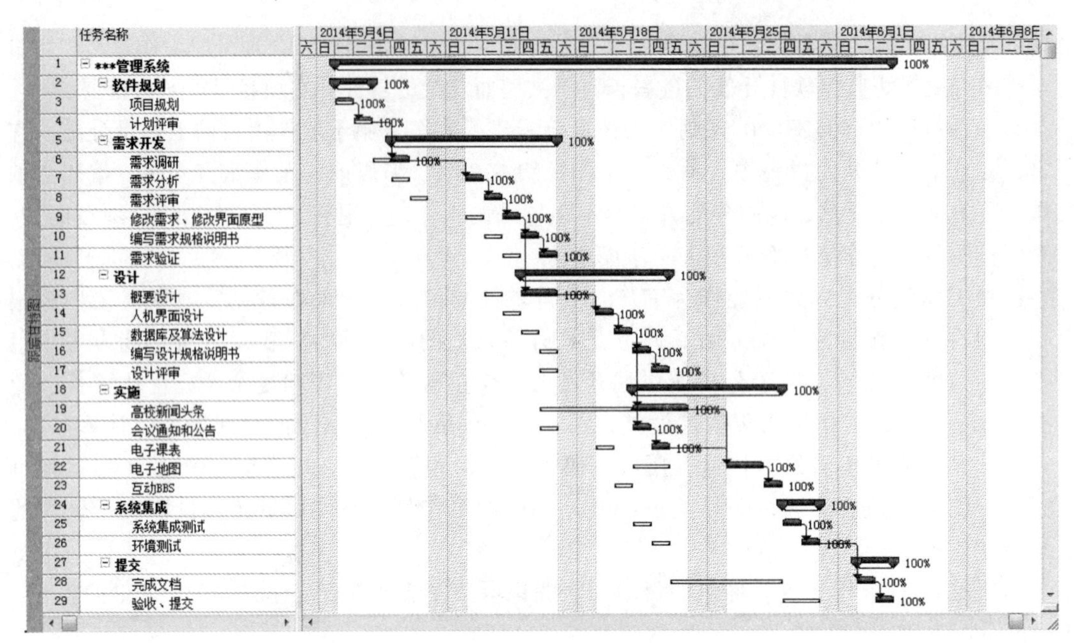

图 5-1　棒状甘特图

2. 网络图

当把一个工程项目分解成许多子任务，并且它们彼此间的依赖关系又比较复杂时，仅仅用甘特图作为安排进度的工具是不够的，不仅难于做出既节省资源又保证进度的计划，而且还容易发生差错。

网络图能描绘任务分解情况以及每项作业的开始时间和结束时间，此外，它还描绘了各个作业彼此间的依赖关系。进行历时估算时可以表示项目将需要多长时间完成，当改变某些任务的历时时可以表明历时将如何变化。网络图是用箭线和节点将项目任务的的流程表示出来的图形，根据节点和箭线的不同的含义，项目管理中的网络图分为 PDM 网络图、ADM 网络图、CDM 网络图三种类型。

（1）PDM 网络图。PDM（precedence diagramming method，PDM）也称单代号网络图，它利用节点代表活动，而用节点间箭头代表活动的相关性。因为活动在节点上，所以也称活动节点法（activityon-node,AON）或简称节点法，是大多数项目管理软件包所采用的方法。图 5-2 所示是一个软件项目的 PDM 网络图。

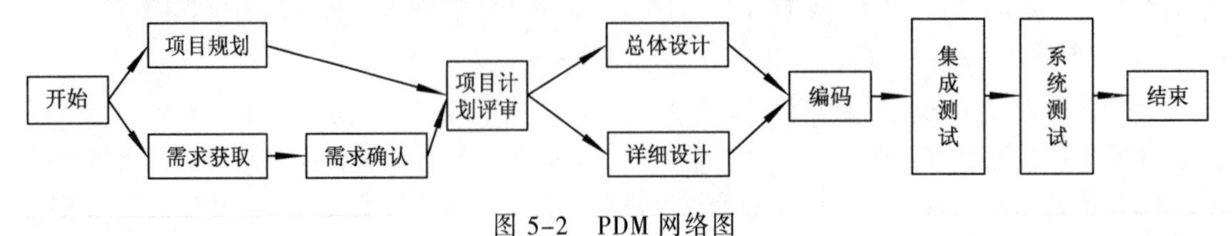

图 5-2　PDM 网络图

（2）ADM 网络图。箭线法（arrow diagramming method，ADM）也称双代号网络图。图中箭头表示任务，节点表示前一道任务的结束，同时也表示后一道任务的开始。用两个数字或两个字母表示活动起点和终点，用节点连接箭线以示相关性。因为网络中活动是在两点间的箭头上，所以也称箭线代表活动（activity on -arrow，AOA），如图 5-3 所示。

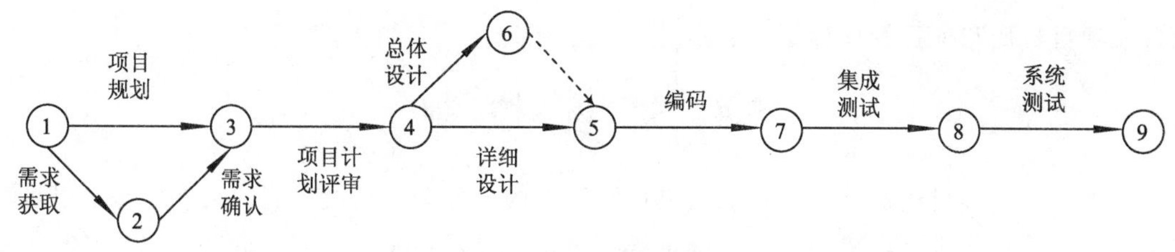

图 5-3 ADM 网络图

（3）CDM 网络图。条件绘图法（conditional diagramming methods,CDM）网络图中允许活动序列相互循环和反馈，诸如一个环或条件分支，这在系统动力学模型中较常见，但 PDM 和 ADM 都不允许回路或有条件分支存在。因为这种情况下难以计算项目的周期，所以实际项目中很少使用 CDM 网络图。

3. 里程碑图

项目进展中要设置里程碑，里程碑仅表示事件的标记，不消耗资源和时间。里程碑图就是使用图表的方式来直观地表达项目里程碑的一种项目管理图表工具。里程碑图有利于就项目的状态与用户和组织的上级进行沟通。

例如，某软件开发项目，计划在 9 月 1 日开始，12 月 31 日结束，共投入 50 万元。项目中设置了六个里程碑事件，系统规划完成、需求分析完成、系统设计完成、系统实施完成、系统测试完成、系统提交完成。项目经理可据此列出里程碑计划表（表 5-4），并绘制里程碑图（图 5-4）。

表 5-4 某软件开发项目里程碑计划表

序 号	里程碑事件	交付成果	完成时间
1	系统规划完成	规划书	2015 年 9 月 1 日
2	需求分析完成	需求规格说明书	2015 年 9 月 20 日
3	系统设计完成	系统设计方案	2015 年 10 月 9 日
4	系统实施完成	系统软件及编码文档	2015 年 11 月 2 日
5	系统测试完成	测试报告	2015 年 12 月 20 日
6	系统提交完成	验收报告	2015 年 12 月 30 日

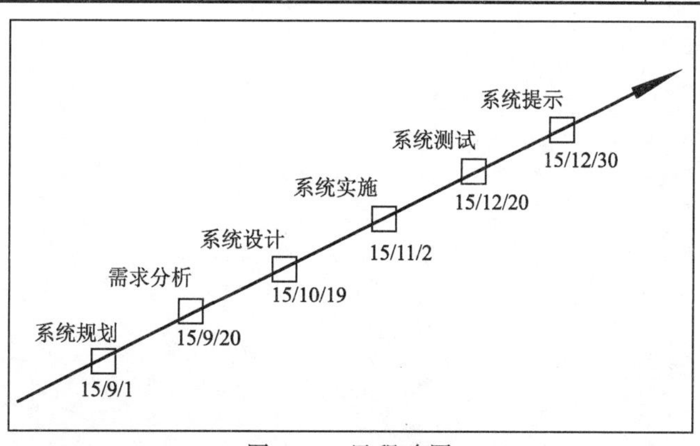

图 5-4 里程碑图

主要输出是项目进度表、进度模型数据、进度基线、变更申请，以及对资源需求、活动属性、项目日历和项目管理计划的更新。

5.4 进度控制

进度控制是项目集成管理中集成变更控制过程的一部分。进度控制的目标就是了解进度的情况，干预导致进度变更的因素，确定进度是否已经发生变更，以及进度发生变更时，管理好这些变更。

进度控制的主要输入是：项目管理计划、项目进度计划、工作绩效信息、组织过程资产。

进度控制所使用的主要工具和技术是进展报告、进度变更控制系统、进度对比条形图（如甘特图）、项目管理软件、偏差分析、假设情景分析、进度压缩、绩效管理等。

进度控制的主要输出包括：工作绩效测量、组织过程资产的更新、变更请求、项目管理计划（更新）、项目文件（更新）。

第 6 章　软件项目质量管理

6.1　基 本 概 念

6.1.1　软件质量定义

软件已经成为我们日常生活中必不可少的一部分。在电话等家用小电器中、我们乘坐的轿车中、交通控制系统中、银行的 ATM 机中，软件无处不在。在这些系统中的任何一个缺陷都会对我们的生活甚至一生产生影响。

随着时间的推移，人们逐渐将自己的一切托付给了软件，但同时人们的生活也受到软件中缺陷与 bug 的制约。客户总是希望软件中没有任何缺陷与 bug，这一点就像他们期望开车时不会遇到红灯一样。目前整个经济正在向电子商务方向发展，而政府也在向电子化政府转变，所以，软件的无缺陷特性越来越重要了。

对于软件行业来说，它的一个特点就是人们总是处于压力之下工作，并且常常要在不合理的期限之内完成给定的工作。在如此大的压力之下，软件出错的可能也就变得很高。

随着软件使用的深入，对于修改错误而言，事实上是不会有第二次机会的。如果是在一个很关键的系统中发生了错误，那么在弄出了人命之后再去修改问题已经于事无补了。即使缺陷没有直接造成什么影响，但在一个分部式环境中修改缺陷，所需的费用实在是太高了，根本无法接受。

由于软件行业自身的一些问题，在产品中存在缺陷已经成为一种传统了。让开发人员找出产品中的所有缺陷并加以修改不是一件容易的事情，通常他们更愿意去进行有趣的设计工作，而不是从事维护工作。

质量是产品或服务满足明确或隐含需求能力的特性和特征的总和。明确或隐含的需求是项目需求开发的依据。就项目而言，质量管理的一个关键就是通过利害相关者分析，将利害关系者需求、需要转化为项目范围管理中的要求。

软件质量是与软件产品满足规定的和隐含的需求能力有关的特征或特性的全体。

例 1　在某大学，需要为大学选用最好的商用工资单软件包。她应该如何以系统的方法来着手进行选择？

这种方法的一个要素是标识用于评判工资软件包的准则。这些准则应该是什么？应该如何检查软件包和这些准则的符合程度呢？

项目质量管理过程包括保证项目满足原先规定的各项要求所需的实施组织的活动，即决定质量方针、目标与责任的所有活动，并通过诸如质量规划、质量保证、质量控制、质量持续改进等方针、程序和过程来实施质量体系。质量管理过程包括质量规划、实施质量保证和实施质量控制。

6.1.2 软件质量模型

从软件质量的定义得知软件质量是通过一定的属性集来表示其满足使用要求的程度，那么这些属性集包含的内容就显得重要了。计算机对软件质量的属性进行了较多的研究，得到了一些有效的质量模型，包括 McCall 质量模型、Boehm 质量模型、ISO/IEC9126 质量模型。

McCall 质量模型。早期的 McCall 质量模型是 1977 年 McCall 和他的同事建立的，他们在这个模型中提出了影响质量因素的分类。他把软件质量分为三组质量因素。

（1）产品操作质量。包括五个质量因素。

① 正确性。程序满足其规格说明以及实现用户目的程度。

② 可靠性。程序能够在规定的精确度下执行预期功能的程度。

③ 有效性。软件所需要的计算机资源的数量。

④ 完整性。控制未经授权的用户访问软件或数据的程度。

⑤ 可用性。学习、操作、准备输入数据和解释输出所需要的工作量。

（2）产品修订质量。包括三个质量因素。

① 可维护性。定位和修改运行程序中的错误所需要的工作量。

② 可测试性。测试程序确保程序实现预期功能所需要的工作量。

③ 灵活性。修改运行程序所需要的工作量。

（3）产品转变质量。包括三个质量因素。

① 可移植性。把程序从一种硬件配置或软件系统环境转移到另一种环境所需要的工作量。

② 可重用性。程序能用在其他应用程序中的程度。

③ 互操作性。把系统和另一个系统相互耦合需要的工作量。

Boehm 质量模型。1978 年 Boehm 和他的同事提出了分层结构的软件质量模型，除包含了用户期望和需要的概念，这一点与 McCall 相同之外，还包括了 McCall 模型中没有的硬件特性。Boehm 质量模型如图 6-1 所示。

Boehm 质量模型始于软件的整体效用，从系统交付后设计不同类型的用户考虑。第一种用户是初始用户，系统做了用户期望的事，用户对系统非常满意；第二种用户是将软件移植到其他软硬件系统下使用的用户；第三种用户是维护系统的程序员。因此，Boehm 模型反映了对软件质量的全过程理解，即软件做了用户要它做的、有效地使用系统资源、易于用户学习和使用、易于测试和维护。

ISO/IEC9126 质量模型。20 世纪 90 年代早期，软件工程界试图将诸多的软件质量模型统一到一个模型中，并把这个模型作为度量软件的一个国际标准。国际标准化组织和国际电工委员会共同成立的联合技术委员会(JTC1)，1991 年颁布了 ISO/IEC 9126—1991 标准《软件产品评价——质量模型》的质量模型分为三个：内部质量模型、外部质量模型、使用中质量模型。外部和内部质量模型如图 6-2 所示，使用中质量模型如图 6-3 所示。

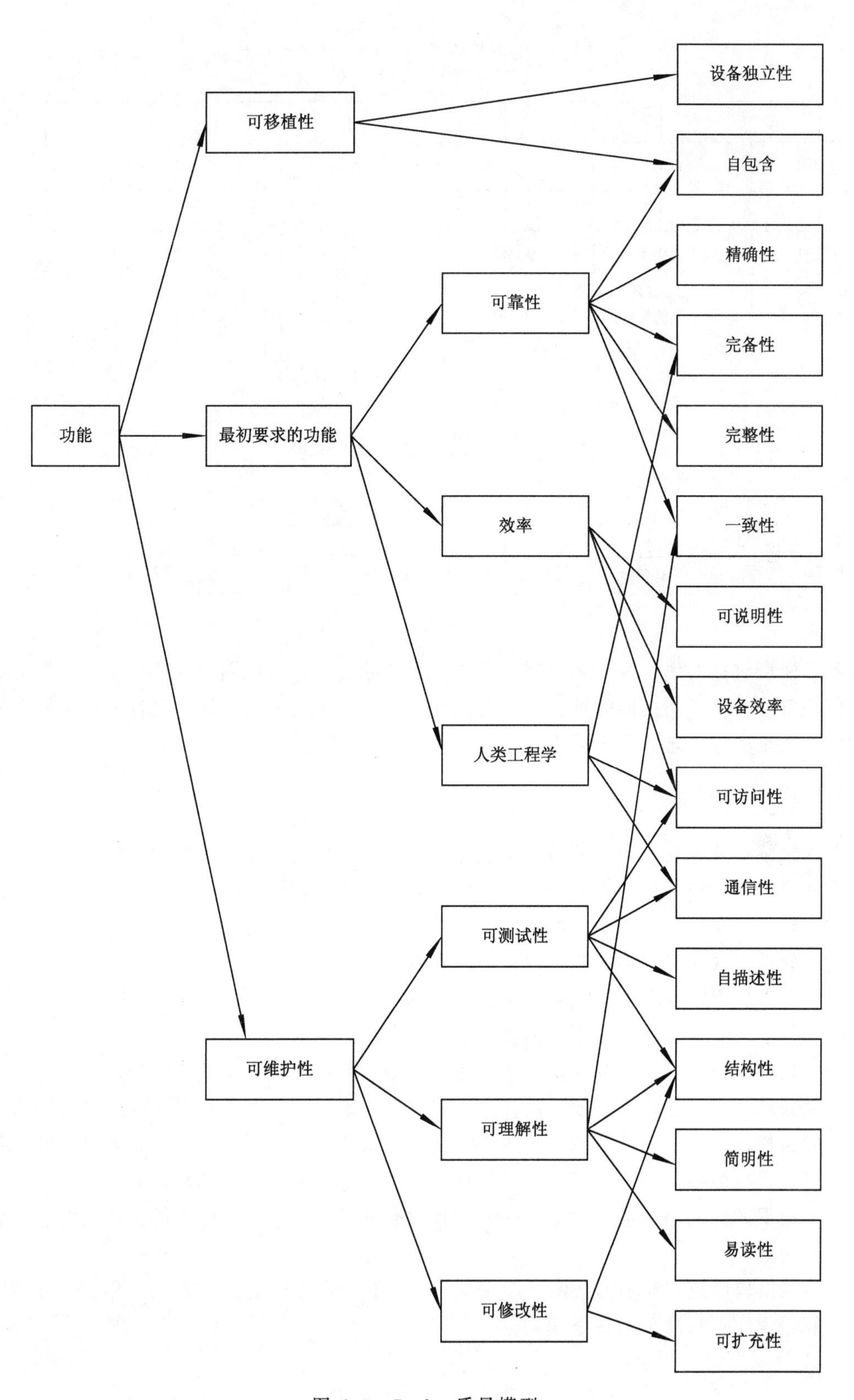

图 6-1　Boehm 质量模型

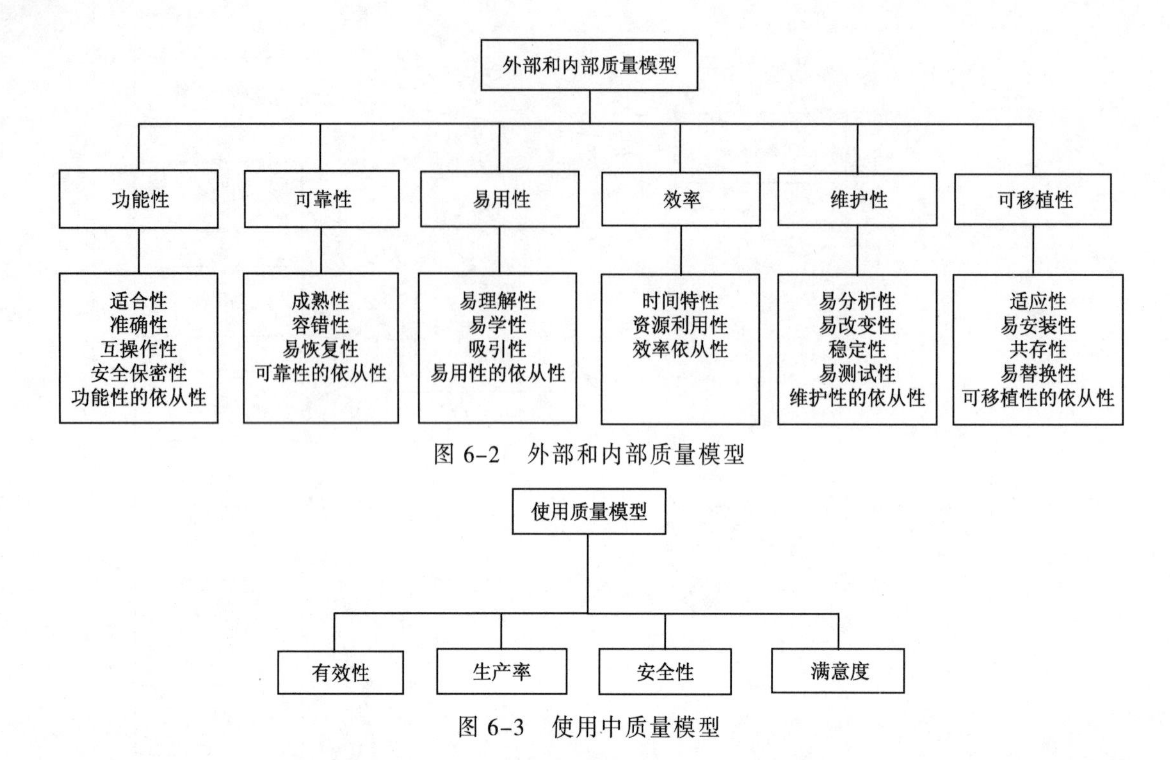

图 6-2　外部和内部质量模型

图 6-3　使用中质量模型

各个模型包括的属性集大致相同，但也有不同的地方，这说明，软件质量的属性是依赖于人们的意志，基于不同的时期，不同的软件类型，不同的应用领域，软件质量的属性是不同的，这也是软件质量主观性的表现。

6.1.3　软件缺陷

软件缺陷是软件在生命周期各个阶段存在的一种不满足给定需求性的问题。

通常，可以从以下五个规则来判别出现的问题是否是软件缺陷。

（1）软件未实现说明书要求的功能。

（2）软件出现了说明书指明不应该出现的错误。

（3）软件实现了说明书未提到的功能。

（4）软件未实现说明书虽未明确提及但应该实现的目标。

（5）软件难以理解、不易使用、运行速度缓慢或者最终用户会认为不好。

软件缺陷一旦被发现，就要设法找出引起这个缺陷的原因，分析对产品质量的影响，由于资源是稀缺的，确定软件缺陷修复优先级是节约资源的最佳手段。因此，要对软件缺陷进行分类研究。有多种分类标准可以对缺陷进行分类，下面列举常见的缺陷分类。

（1）根据软件缺陷所造成的危害的恶劣程度来划分，一般分为致命的、严重的、一般的和微小的缺陷。

（2）根据软件缺陷产生的技术类型来分类，一般分为五种类型：输入/输出缺陷、逻辑缺陷、计算错误、接口缺陷和数据缺陷。

6.2 质量计划

质量计划是判断哪些质量标准与本项目有关，并决定应如何达到这些质量标准。

质量计划的依据是质量政策、范围描述、产品说明、标准和规则和其他过程的输出。

质量计划的工具和技术包括：

（1）成本效益分析。质量规划过程必须考虑成本与效益两者间的取舍平衡。符合质量要求所带来的主要效益是减少返工，它意味着劳动生产率的提高，成本降低，利害相关者更加满意。为达到质量要求所付出的主要成本是开展项目质量管理活动的开支。

（2）基准比较分析。基准比较分析包括将实际的或计划中的项目实施情况与其他项目的实施情况相比较，从而得出提高水平的思路，并提供检测项目绩效的标准。其他项目可能在执行组织的工作范围之内，也可能在执行组织的工作范围之外；可能属于同一领域，也可能属于别的领域。

（3）流程图。流程图是表示系统中各要素之间相互关系的图表。在质量管理中常用的流程图包括因果图（也称鱼刺图）和系统流程图。流程图能够帮助项目团队预测可能发生哪些质量问题，在哪个环节发生，因而有助于使解决问题的手段更为高明。

（4）实验设计。实验设计是帮助确定在产品开发和生产中，哪些因素会影响产品或过程特定变量的一种统计方法，而且在产品或过程优化中也起到一定作用。例如，组织可以通过实验设计降低产品性能对环境或制造变动因素的灵敏度。该项技术最重要的特征是，它提供了一个统计框架，可以系统地改变所有重要因素，而不是每次只改变一个重要因素。通过对实验数据的分析，可以得出产品或过程的最优状态、着重指明结果的影响因素并揭示各要素之间的交互作用和协同作用关系。

（5）质量成本。质量成本指为避免评估产品或服务是否符合要求，及产品或服务不符合要求（返工）发生的所有费用。失败费用也称质量低劣费用，通常分为内部和外部费用。

质量计划的输出包括：

（1）质量管理计划。质量管理计划应说明项目管理团队如何具体执行它的质量政策。质量管理计划是整个项目计划的输入，它提出项目的质量控制、质量保证和质量改进的具体措施。质量管理计划可以是正式的或非正式的，高度细节化的或框架型的，应视项目的需要而定。

（2）操作性定义。操作性定义描述各项操作规程的含义，以及如何通过质量控制程序对它们进行检测。例如，仅仅把满足进度计划时间作为管理质量的检测标准是不够的，项目管理团队还应指出是否每项工作都应准时开始，或者只要准时结束即可；是否要检测单个的活动，或者仅仅对特定的可交付成果进行检测。如果是后者，那么哪些可交付成果需要检测。在一些应用领域，操作性定义又称度量标准。

（3）检查单。检查单是一种结构化的管理手段，常用以核实需要执行的一系列步骤是否已经得到观测实施。检查单可以简单，也可以复杂。许多组织提供标准化的检查单，以确保对常规工作的要求保持前后一致。

（4）过程改进计划。过程改进计划是项目管理计划的从属内容。过程改进计划将详细说明过程分析的具体步骤，以便于确定浪费和非增值活动，进而提高客户价值。

6.3 质量保证

6.3.1 软件质量保证的目标和任务

软件质量保证是一种有计划的、系统化的行动模式，它是为项目或产品符合已有技术需求提供充分信任所必需的。质量保证是一种预防性、提高性和保证性的质量管理活动。

全面质量管理（total quality management，TQM）是一个组织以质量为中心，以全员参与为基础，目的在于通过让顾客满意和本组织所有成员及社会受益而达到长期成功的一种质量管理模式。

软件质量保证和软件质量管理的思想是一致的，都指出了不应该只在一个环节上，比如测试环节来保证软件质量，而应该全面地去改进、控制软件流程来保证软件质量。

质量保证的关注点集中在于一开始就避免缺陷的产生。质量保证主要目标是：

（1）事前预防工作，例如，着重于缺陷预防而不是缺陷检查。

（2）尽量在刚刚引入缺陷时即将其捕获，而不是让缺陷扩散到下一个阶段。

（3）作用于过程而不是最终产品，因此它有可能会带来广泛的影响与巨大的收益。

（4）贯穿于所有的活动之中，而不是只集中于一点。

软件质量保证的目标是以独立审查的方式，从第三方的角度监控软件开发任务的执行，就软件项目是否正确遵循已制定的计划、标准和规程给开发人员和管理层提供反映产品和过程质量的信息和数据，提高项目透明度，同时辅助软件工程取得高质量的软件产品。

软件质量保证的主要作用是给管理者提供预定义的软件过程的保证，因此 SQA 组织要保证如下内容的实现：选定的开发方法被采用、选定的标准和规程得到采用和遵循、进行独立的审查、偏离标准和规程的问题得到及时的反映和处理、项目定义的每个软件任务得到实际的执行。

软件质量保证的主要任务是以下三个方面：

（1）SQA 审计与评审。SQA 审计包括对软件工作产品、软件工具和设备的审计，评价这几项内容是否符合组织规定的标准。SQA 评审的主要任务是保证软件工作组的活动与预定的软件过程一致，确保软件过程在软件产品的生产中得到遵循。

（2）SQA 报告。SQA 人员应记录工作的结果，并写入到报告之中，发布给相关的人员。SQA 报告的发布应遵循三条原则：SQA 和高级管理者之间应有直接沟通的渠道；SQA 报告必须发布给软件工程组，但不必发布给项目管理人员；在可能的情况下向关心软件质量的人发布 SQA 报告。

（3）处理不符合问题。这是 SQA 的一个重要的任务，SQA 人员要对工作过程中发现的问题进行处理及时向有关人员及高级管理者反映。

软件质量保证实施的五个步骤：

（1）目标。以用户需求和开发任务为依据，对质量需求准则、质量设计准则的质量特性设定质量目标进行评价。

（2）计划。设定适合于待开发软件的评测检查项目，一般设定 20~30 个。

（3）执行。在开发标准和质量评价准则的指导下，制作高质量的规格说明书和程序。

（4）检查。以计划阶段设定的质量评价准则进行评价，算出得分，以图形的形式表示出来，比较评价结果的质量得分和质量目标，确定是否合格。

（5）改进。对评价发现的问题进行改进活动，重复计划到改进的过程直到开发项目完成。

6.3.2　软件质量保证过程

SQA 人员类似于软件开发过程中的过程警察，其主要职责是：检查开发和管理活动是否与制定的过程策略、标准和流程一致；检查工作产品是否遵循模板规定的内容和格式。

1. 计划阶段

目的和范围：项目计划过程的目的是计划并执行一系列必要的活动，以便在不超过项目预算和日程安排的前提下，将优质的产品交付给客户。项目计划过程适用于组织中的所有项目，但每个项目可以根据各自的不同情况对该过程进行裁剪。

进入标准：项目启动会议已经结束；在项目周期中，根据项目的跟踪结果，需要对项目计划进行修改和完善。

输入：项目启动报告、项目提案书、项目相关材料、组织财富库中以往类似的经验文档。

输出：评审后的文档包括软件开发质量计划、软件项目质量管理计划、软件配置管理计划。

过程描述：制定软件管理计划、制定软件质量管理计划、制定软件配置管理计划。

验证：同级评审人员和软件质量保证人员必须对项目计划进行评审，批准后项目才能付诸实施。

QA 检查清单：软件开发质量计划、软件配置管理计划。

该阶段确保制定了软件开发质量计划和软件配置管理计划。

2. 需求分析阶段

目的和范围：需求说明和需求管理的目的是为了保证开发组在开发期间对项目目标和生产出最后产品的目的有一个清晰的理解。软件需求规格说明书将作为产品测试和验证是否适合需要的基础。对于需求的变更，它可能在开发项目期间的任何时间点发生，需求的变更将要影响日程和承诺的变化，这些变化需求和客户提出的要求相一致。

进入标准：计划已经被批准，并且项目整体要求的基础设施是可用的；软件的需求已经被需求收集小组捕获；对已经形成了基线的软件规格说明书有变更的请求时。

输入：软件需求说明书；变更需求的请求。

退出标准：软件需求规格说明书已经经过评审并形成了基线；对已经形成基线的软件需求的变更进行了处理；形成基线的软件说明书已经经过客户批准；验收标准已经完成；所有评审的问题都已经解决。

输出：经过批准并形成基线的软件需求规格说明书；对受影响组件的重新估算文档；验收测试标准和测试计划。

过程描述：主要处理需求说明和需求管理。

验证：项目经理定期的检查需求规格说明书和项目需求管理的各个方面；软件质量保证人员要定期的对需求分析过程执行独立的评估。

质量保证检查清单：软件需求规格说明书；变更需求跟踪记录；验收测试标准与测试

计划。

该阶段要确保客户提出的需求是可行的，确保客户了解自己提出的需求的含义，并且这个需求能够真正达到他们的目的，确保开发人员和客户对于需求没有误解或者误会，确保按照需求实现的软件系统能够满足客户提出的要求。

3．设计阶段

目的与范围：本过程关注的是把需求转变成如何实现这些需求的描述。主要包括概要设计和详细设计。软件设计过程主要包括：体系结构设计、运算方法设计、类/函数/数据结构设计和建立测试标准。

进入标准：产品需求已经形成了基线；需要设计解决方案；新的或修改的需求需要改变当前的设计。

输入：形成基线的需求。

退出标准：设计文档已经评审并形成基线；测试标准、测试计划可行。

输出：概要设计文档、详细设计文档、测试计划、项目标准和选择的工具。

过程描述：设计过程包括概要设计和详细设计两个阶段。

验证：项目管理者分析概要设计满足需求的程度；项目管理者不定时的监督详细设计说明书的创建工作；项目管理者通过定期的分析在设计阶段收集的数据来验证设计过程中执行的有效性；质量保证人员通过验证产生的工作产品和做独立的抽样检查来验证产品的有效性；质量保证人员通过分析项目的度量数据和对过程的走查来验证设计过程的有效性。

质量保证检查清单：概要设计文档、详细设计文档、测试计划（系统/集成/单元）和项目标准。

在概要设计阶段，要确保规格定义能够完全符合、支持和覆盖前面描述的系统需求；可以采用建立需求跟踪文档和需求实现矩阵的方式，确保规格定义满足系统需求的性能、可维护性、灵活性的要求；确保规格定义是可以测试的，并且建立了测试策略；确保建立了可行的、包含评审活动的开发进度表；确保建立了正式的变更控制流程。

在详细设计阶段，要确保建立了设计标准，并且按照标准进行设计；确保设计变更被正确的跟踪、控制、文档化；确保按照计划进行设计评审；确保设计按照评审准则评审通过并被正式批准之前，没有开始正式编码。

4．编码阶段

目的和范围：编码过程的目的是为了实现详细设计中各个模块的功能，能够使用户要求的实际业务流程通过代码的方式被计算机识别并转化为计算机程序。

编码过程就是用具体的数据结构来定义对象的属性，用具体的语言来实现业务流程所表示的算法。在对象设计阶段形成的对象类和关系最后被转换成特定的程序设计语言、数据库或者硬件的实现。

进入标准：设计文档已经形成基线；详细设计变更编写完毕并通过评审，并且代码需要变更；对于维护项目，维护需求分析已经形成基线，可进行代码的变更；对于编码的测试标准已经制定。

输入：详细设计文档；特定项目的编码规范；相关的软、硬件环境；维护分析文档；测试计划。

退出标准：详细设计中所有模块的功能全部实现，并通过自我代码审查，编译通过。

输出：已完成的、需要进行测试的代码；代码编写规范的更改建议。

过程描述：编码过程是把详细设计中的各个模块功能转化为计算机可识别代码的过程，因此程序员在进行编码时，一定要仔细认真，切勿有半点疏忽。编码过程通常情况下占整个项目开发时间的20%左右，为了使代码达到高质量、高标准，代码编写过程一定要合理规范。编码过程主要包括制定编码计划；认真阅读开发规范；编码准备；专家指导，并填写疑问或问题表；理解详细设计书；编写代码；自我审查；提交代码和更改代码。

验证：验证编码的规范化；验证是否进行了自我审查；验证代码的一致性和可跟踪性；通过测试验证代码的正确、合理性；验证每个编码人员的工作能力。

质量保证检查清单：编码计划；开发规范建议书；详细设计疑问列表；代码审查检查列表；代码审查记录；代码测试记录。

该阶段要确保建立了编码规范、文档格式标准，并且按照该标准进行编码；确保代码被正确地测试和集成，代码的修改符合变更控制和版本控制流程；确保按照进度计划编写代码；确保按照进度计划进行代码审查。

5. 测试阶段

目的和范围：软件测试过程的目的是为了保证软件产品的正确性、完整性和一致性，保证提供实现用户需求的高质量、高性能的软件产品，从而提高用户对软件产品的满意程度。

在软件投入运行前，要对软件需求分析、设计和编码各阶段的产品进行最终检查和检测，软件测试是对软件产品内容和程序执行状况的检测以及调整、修正的一个过程。这种以检查软件产品内容和功能特性为核心的测试，是软件质量保证的关键步骤，也是成功实现软件开发目标的重要保障。

进入标准：经过自我检查过的程序代码需要进行测试；测试环境搭建完成；测试计划完成。

输入：需要测试的程序代码；测试工具；测试环境；测试计划；测试用例；测试数据；测试检查列表；以往的经验与教训。

退出标准：按照测试计划，所有的测试用例都成功地被执行了；测试过的代码形成基线。

输出：测试记录；缺陷统计表；已经测试过的代码。

过程描述：软件测试包括单元测试、集成测试、系统测试和确认/验收测试。

验证：验证测试人员是否按测试计划执行测试；验证测试人员的测试能力；验证各个阶段缺陷的严重程度。

质量保证检查清单：软件测试计划、测试记录和缺陷统计表。

该阶段要确保建立了测试计划，并按照测试计划覆盖了所有的系统规格定义和系统需求；确保经过测试和调试，软件仍旧符合系统规格和需求定义。

6. 系统交付和安装阶段

目的和范围：在系统交付阶段，要将开发并且通过测试的软件应用系统和相关文档交付给用户。本过程的目的是确保正确的元素/组件被交付给用户，并对每个交付产品做适当的记录。

进入标准：软件已经经过了系统测试，达到了用户所提的要求；各种手册已经书写完毕，准备交付。

输入：测试通过的、需要被安装的应用系统；软件用户使用手册；软件维护技术手册。

退出标准：用户接受了被交付的系统。

输出：被批准的软件交付及培训计划；安装后的软件；用户签字后的用户验收确认单。

过程描述：制定软件交付及培训计划；制定软件维护计划；交付给用户所有的文档；交付、安装软件系统；评审批准软件维护计划；用户验收确认。

验证：项目经理定期或时间驱动地评审交付产品的配置管理活动；质量保证组评审和审计交付产品的配置管理过程。

质量保证检查清单：说明书检查；程序检查。

该阶段要确保按照软件交付计划交付、安装软件系统，并按照培训计划对用户进行培训；确保交付给用户所有的文档；制定并评审、批准了软件维护计划；用户进行了验收确认。

软件质量保证工具是预防软件故障，降低软件故障率，提高生产效率，为软件质量保证活动服务。主要包括规程与工作条例、模板、检查表、配置管理、受控文档和质量记录。

（1）规程与工作条例。规程是为了完成一个任务、根据给定方法所执行的详细活动或过程。软件质量规程是一种确保质量结果有效实现的方式，提供了活动实施的宏观定义，规程是普遍适用的，并且服务于整个组织。工作条例是适用于独特实例，为特定小组使用的方法提供了详细的使用指示。

（2）模板。模板是小组或组织创建的用于编辑报告和其他形式文档的格式。

（3）检查表。检查表指的是为每种文档专门构造的条目清单，或者是需要在进行某项活动（如在用户现场安装软件包）之前完成的准备工作清单。

（4）配置管理。配置管理提供了一个可视的、跟踪和控制软件进展的方法。

（5）受控文档与质量记录。受控文档是那些对软件系统的开发、维护以及与顾客关系的管理当前或未来会很重要的文档。因此，这些文档的准备、存储、检索和处理受控于文档编制规程。

质量记录是一种特殊类型的受控文档。它是面向顾客的文档，用于证实同顾客需求的全面符合性以及贯穿于开发和维护全过程的软件质量保证系统的有效运行。

6.4 质量控制

质量控制是监控项目的具体结果，判断它们是否符合相关质量标准，并找出消除不合绩效的方法。质量控制贯穿于项目的始终。质量控制是一种过程性、纠偏性和把关性的质量管理活动。质量标准涵盖项目过程和产品目标。项目结果既包括可交付成果和项目管理结果，如成本和进度绩效。质量控制通常由质量控制部门或名称相似的部门实施。

质量控制的关注点在于事后的缺陷检查与改正。

（1）质量控制是在产品构造完成之后才进行的。因此它通常都属于事后检测活动。

（2）有时质量控制的代价是十分昂贵的，因此在某些情况下是无法实施的。例如，对于抢救生命的有关设备或者大批量生产的设备而言，无法在发现了有关问题之后再进行修改。

（3）偏重于检测缺陷而不是避免缺陷。

软件质量控制的任务是策划可行的质量管理活动，然后正确地执行和控制这些活动以保证绝大多数的缺陷可以在开发过程中发现。一般来说，软件质量控制的过程包括技术评审、代码走查、代码评审、单元测试、集成测试、系统测试和缺陷追踪等。

（1）技术评审。技术评审的目的是尽早地发现工作成果中的缺陷，并帮助开发人员及时消除缺陷，从而有效地提高产品的质量。

技术评审最初是由 IBM 公司为了提高软件质量和提高程序员生产率而倡导的。进行技术评审的根本原因在于它能够在任何开发阶段执行，它可以比测试更早地发现并消除工作成果中的缺陷，从而提高产品的质量。越早消除缺陷就越能降低开发成本。此外，通过技术评审，开发人员能够及时地得到专家的帮助和指导，加深对工作成果的理解，更好地预防缺陷，在一定程度上能提高开发效率。缺乏技术评审或未严格进行技术评审的后果往往会导致测试阶段的“井喷”现象，使得开发人员不得不拼命加班“救火”，生产率下降。

从理论上讲，为了确保产品的质量，产品的所有工作成果都应当接受技术评审。现实中为了节约时间，允许有选择地对工作成果进行技术评审。技术评审方式也视工作成果的重要性和复杂性而定。一般主要评审对象是：软件需求规格说明书、软件设计规格、测试计划、用户手册、维护手册、系统开发规程、安装规程、产品发布说明等。

软件技术评审涉及的角色有：项目经理、作者、评审组织者、评审专家、质量保证人员、记录员、客户和用户代表、相关领导和部门管理人员。

技术评审一般都遵循一定的流程，这在企业质量体系或者项目计划中都有相应的规定。

（2）代码走查。一般来说，代码走查是一种非正式的代码评审技术，正规的做法是把代码打印出来，邀请别的同行开会检查代码的缺陷，但是这种方法太消耗时间，所以实际中常常是在编码完成之后将项目开发人员集中在一起，用投影仪将各自的代码浏览一遍，由代码的作者向同事来讲解他自己编写的代码的逻辑和写法，然后同事给出意见，分析和找出程序问题。当开发人员对代码进行讨论的时候，应该集中到一些重要的话题上，比如算法、类设计等。

在编码阶段代码走查的会议要多开，有助于大家了解整个项目情况，也有助于各开发人员及早发现问题。而且代码走查时间应尽早，不一定要在编程完全结束后进行，可以在编码的一两周之后就走查一次，尽早发现问题和避免问题。甚至每天都可以进行简单的代码走查，采用 XP 中提倡的“结对编程”的思想，两个开发人员互相检查代码，在下班前半小时对当天改动的模块进行评审。此外，代码走查发现的问题要尽量解决，要有人跟踪。

为了提高代码走查的效率，在系统设计阶段，需要明确系统架构、编码规范等技术要求，来制定出代码走查活动需要的检查列表，以此为依据进行代码走查。

（3）代码评审。代码评审是代码编写者讲解自己的代码，由专家或项目组其他成员及项目经理来作评审，其间有不了解之处可随时提问，并提出意见。主要采用关键代码检查，部分代码抽查的原则。

要想让代码评审真正发挥到应有的效果，建议做好以下工作：评审要有计划、评审要分层次和分重点、问题的确认和追踪。

代码评审活动组织安排地是否合理对评审效果有直接的影响，项目经理对评审活动负有重要责任。

（4）软件测试。软件测试是软件项目中最基本的质量控制手段。软件测试的目的是尽可能地发现软件的缺陷，而不是证明软件的正确。好的软件测试也是需要计划的，一般软件测试过程包括测试计划、测试的组织、测试用例的开发、测试的执行和报告。软件测试方法主要有白盒和黑盒两种测试方法。软件测试一般包括如下测试类型：单元测试、集成测试、系统测试、验收测试、安装测试、易用性测试、性能测试、安全型测试、配置测试、兼容型测试、ALFA、BETA 测试、软件国际化测试和软件本地化测试。

（5）软件缺陷跟踪。从发现缺陷开始，一直到缺陷改正为止的全过程称为缺陷跟踪。缺陷跟踪要一个缺陷、一个缺陷地加以追踪，也要在统计的水平上进行，包括统计未改正的缺陷总数、已经改正的缺陷百分比、改正一个缺陷的平均时间等指标。

缺陷的来源可以是多方面的，如软件评审、测试或其他，因此在软件项目管理中应该引入缺陷跟踪管理机制，从而及早清除缺陷且不遗漏项目缺陷。缺陷跟踪管理机制中需要对缺陷进行描述，既要描述缺陷的基本信息，如缺陷内容，也要包含缺陷的追踪信息，如缺陷状态。

缺陷跟踪管理的意义在于确保每个被发现的缺陷都能被解决，可能是指缺陷被修正，也可能是指项目组成员达成一致的处理意见。软件缺陷跟踪管理过程中所收集到的缺陷数据对评估软件系统的质量、测试人员的业绩、开发人员的业绩等提供了量化的参考指标，也为软件企业进行软件过程改进提供了必要的案例积累。另外，有些软件企业还根据缺陷跟踪管理过程中所获得的缺陷数目分布趋势来决定软件产品的最佳发布时机。

质量控制的输入包括项目成果、质量管理计划、操作性定义和审验单。

质量控制的工具和技术：

（1）检验。检验有各种不同的名称，如审查、产品审查、审计和实地检查等。检验是指检查产品，确定是否符合标准。检查可以在任何管理层次中展开（如一个单项活动的结果和整个项目的最后成果都可以检验）。

（2）因果图。因果图又称鱼刺图，它直观地显示出各项因素如何与各种潜在问题或结果联系起来。

（3）控制图。控制图是根据时间推移对过程结果的一种图表展示。常用于判断过程是否在控制中进行。当一个过程在控制之中时，不应对它进行调整。为了提供改进，过程可以有所变动，但只要它在控制范围之中，就不应人为地去调整它。控制图可以用来监控各种类型的输出变量。控制图常被用于跟踪重复性的活动，诸如批量加工，它还可以用于监控成本和进度的变动、范围变化的幅度和频度、项目文件中的错误，或者其他管理成果，以便判断项目管理的过程是否在控制之中。

（4）帕累托图。帕累托图是按照发生频率大小顺序绘制的直方图，表示有多少结果是由于确认类型或范畴的原因造成的。

按等级排序的目的是指导如何采取纠正措施。项目团队应首先采取措施纠正造成最多数量缺陷的问题。从概念上说，帕累托图与帕累托法则一脉相承，该法则认为：相对来说数量较小的原因往往造成绝大多数的问题或者缺陷。

（5）流程图。流程图用于帮助分析问题发生的缘由。它以图形的形式展示一个过程，可以使用多种格式，但所有过程流程图都具有几项基本要素，即活动、决策点和过程顺序。它表明一个系统的各种要素之间的交互关系。

（6）散点图。散点图显示两个变量之间的关系和规律。通过该工具，质量团队可以研究两个变量之间可能存在的潜在关系。将独立变量和非独立变量以圆点绘制成图形。两个点越接近对角线，两者的关系就越紧密。

（7）趋势分析。趋势分析可反映偏差的历史和规律。它是一种线性图，按照数据发生的先后顺序将数据以圆点形式绘制成图形。趋势图可反映一个过程在一定时间段的趋势，一定时间段的偏差情况，以及过程的改进和恶化。趋势分析是借助趋势图来进行的。趋势分析指根据过去的结果用数学工具预测未来的成果。趋势分析往往用来监测技术绩效、费用与进度绩效。

（8）抽样统计。抽样统计是抽取总体中的一个部分进行检验，如从一份包括 80 张设计图样中随机抽取 10 张。适当地采样往往能降低质量控制成本。

质量控制的输出包括：质量改进、验收决定、返工、完成后的检查表和过程调整。

6.5　ISO 9000 质量标准和 CMMI

6.5.1　ISO 9000 质量标准

ISO 9000 族标准，是指由国际标准化组织（International Organization for Standardization,ISO）中的质量管理和保证技术委员会发布的所有标准，该标准是适用于世界上各种行业对各种质量活动进行控制的国际通用准则。

ISO 负责除电工、电子以外的所有领域的标准化活动，而电工、电子领域的标准化活动由国际电工委员会（International Electrotechnical Commission，IEC）负责。ISO 与 IEC 有密切的联系，ISO 和 IEC 作为一个整体担负着制定全球协商一致的国际标准的任务。

ISO 9000 族标准是国际标准化组织于 1987 年制订，后经不断修改完善而成的系列标准。现已有 90 多个国家和地区将此标准等同转化为国家标准，我国对应的是 GB/T 19000 族标准。1987 年制订的 ISO 9000 族标准已经经过三次演化：1994 版、2000 版到 2008 版。

2008 版 ISO 9000 族标准的核心标准有如下四个：

（1）ISO 9000:2005 质量管理体系——基础和术语，表述质量管理体系基础知识并规定质量管理体系术语。

（2）ISO 9001:2008 质量管理体系——要求，规定了质量管理体系要求，用于证实组织具有提供满足顾客要求和适用法规要求的产品的能力，目的在于增进顾客的满意度。

（3）ISO 9004:2009 质量管理体系——可持续性管理，该标准的目的是组织业绩改进和其他相关方满意。

（4）ISO 19011:2002 质量和（或）环境管理体系审核指南。

一般来说，组织活动由三方面组成：经营、管理和开发。在管理上又表现为行政管理、财务管理、质量管理等。ISO 9000 族标准主要针对质量管理，同时涵盖了部分行政管理和财务管理的范畴。

ISO 9000 族标准并不是产品的技术标准，而是针对企业的组织管理结构、人员和技术能力、各项规章制度和技术文件、内部监督机制等一系列体现企业保证产品及服务质量的管理措施的标准。具体来说，ISO 9000 族标准是在如下 4 个方面规范质量管理。

（1）机构：标准明确规定了为保证产品质量而必需建立的管理机构及其职责权限。

（2）程序：企业组织产品生产必须制定规章制度、技术标准、质量手册、质量体系操作检查程序，并使之文件化、档案化。

（3）过程：质量控制是对生产的全部过程加以控制，是面的控制，而不是点的控制。从根据市场调研确定产品、设计产品、采购原料、生产检验、包装、储运，其全过程按程序要求控制质量，并要求过程具有标识性、监督性、可追溯性。

（4）总结：不断总结、评价质量体系，不断地改进质量体系，使质量管理呈螺旋式上升。

通俗地讲，就是把企业的管理标准化，而标准化管理的产品及其服务的质量是可以信赖的。

ISO 9000 质量体系提出了八项质量管理原则。

（1）以顾客为关注焦点。组织依赖于顾客，因此组织应该理解顾客当前的和未来的需求，从而满足顾客要求并超越其期望。

（2）领导作用。领导者将本组织的宗旨、方向和内部环境统一起来，并创造使员工能够充分参与实现组织目标的环境。80%的质量问题与管理有关，20%的质量问题与员工有关。

（3）全员参与。各级员工是组织的生存和发展之本，只有他们的充分参与，才能使其为组织利益发挥才干。

（4）过程方法。将活动和相关的过程以及资源进行有效的积累，更有可能得到期望的结果。

（5）管理的系统方法。针对设定的目标，识别、理解并管理一个由相互关联的过程所组成的体系，有助于提高组织的有效性的效率。

（6）持续改进。是组织的一个永恒发展的目标，是一个 PDCA 循环。要增强满足要求的能力的循环活动。

（7）基于事实的决策方法。针对数据和信息的逻辑分析或判断是有效的基础，用数据和事实说话。

（8）互利的供方关系。通过互利的关系，增强组织及其供方创造价值的能力。

以上八项原则是一个组织在质量管理方面的总体原则，这些原则需要通过具体的活动得到体现，其应用可分为质量保证和质量管理。

6.5.2 能力成熟度模型集成 CMMI

能力成熟度模型（Capability Maturity Model,CMM）是美国软件工程研究所首先提出的，其基本思想是基于已有 60 多年历史的产品质量原理。在软件领域，SEI 1991 年正式推出了软件能力成熟度模型（Capability Maturity Model for Software，SW-CMM），并发布了最早的 SW-CMM1.0 版。

为了适应软件过程改进的发展需要，美国国防部和美国国防工业协会联合发起了“能力成熟模型集成”项目，由 SEI 负责实施。来自政府、工业界、SEI 等不同组织、拥有不同背景的 100 多名专家一同致力于建立一个能够适应当前和未来过程改进的模型框架——CMMI(Capability Maturity Model Integration，能力成熟度模型集成)模型。

CMMI 是以下三个基本成熟度模型为基础综合形成的。

SW-CMM：软件工程的对象是软件系统的开发活动，要求实现软件开发、运行、维护活动系统化、制度化、量化。

SE-CMM（Systems Entineering Capability Maturity Model）系统工程能力成熟度模型：系统工程的对象是全套系统的开发活动，可能包括也可能不包括软件。系统工程的核心是将客户的需求、期望和约束条件转化为产品解决方案，并对解决方案的实现提供全程的支持。

IPD-CMM(Integrated Product Development Capability Maturity Model，IPD-CMM)整合产品能力成熟度模型：集成的产品和过程开发是指在产品生命周期中，通过所有相关人员的通力合作，采用系统化的进程来更好地满足客户的需求、期望和要求。如果项目或企业选择 IPD 进程，则需要选用模型中所有与 IPD 相关的实践。

6.5.3 CMMI 的表示

1. CMMI 的连续型表示

连续性表示没有对组织整体的能力分级定义，但是对任何一个过程定义了不同的能力水平。

软件过程能力水平显示了一个组织在实施和控制其过程以及改善其过程性能等方面所具备或设计的能力，其着眼点在于使组织走向成熟，以便增强实施和控制软件过程的能力并改善过程本身的性能。这些能力水平有助于软件组织在改进各个相关过程时跟踪、评价和验证各项改进过程。CMMI 模型中固定的四个能力水平依次为 0 ~ 3 编号，分别是：CL0 不完备级(Incomplete)、CL1 已执行级（Performed）、CL1 管理级(Managed) 、CL1 已定义级（Definded）。

2. CMMI 的阶段式表示

CMMI 的阶段式表示使用成熟度水平（Maturity Level,ML）来表征一个组织所有过程作为一个整体相对于模型的整体状态水平，从而便于进行软件组织的软件能力成熟度的评估，以便在软件组织之间进行能力成熟度的比较，为项目客户方选择项目承包商提供依据。

成熟度水平提供了组织整体过程改进之路，每个能力成熟度水平包含组织过程的一个重要子集，达到子集中相关的特殊和通用实践，则此能力成熟度水平达到，从而可以朝下一个成熟度水平前进。

CMMI 模型中规定的五个成熟度水平依次从 1～5 编号。分别：ML1 初始级（Initial）、ML2 管理级（Managed）、ML3 已定义级（Defined）、ML4 定量管理级（Quantitatively Managed）、ML5 优化级（Optimizing）。

第7章 软件项目人力资源管理

软件开发活动是以人为本的智力活动的集合，“人”是软件项目中最为重要的因素，因为项目中所有活动都是由“人”来完成的。如何建设高效、团结的项目开发团队，充分发挥“人”的作用，对项目的成功实施起着至关重要的作用。

Standish Group 2013 年报告表明，80%以上的项目都是不成功的，其中 30%的软件项目执行得十分糟糕以至于在完成之前就被取消了。很多项目失败的主要原因是项目团队人力资源获取和建设等问题：没能完整识别人力资源需求，项目的组织结构不合理，责任分工不明确，没有建立有效的项目团队，没能充分发挥项目干系人的能力等。如何有效地进行项目人力资源管理是项目管理者面临的一项重大挑战。

本章首先简单介绍项目人力资源管理的定义及几种主要的项目组织结构类型，其次对项目人力资源计划编制、团队组建、团队建设及团队管理等进行介绍。

7.1 项目人力资源管理概述

7.1.1 项目人力资源管理的定义

项目人力资源管理即根据项目的目标、项目活动进展情况和外部环境的变化，采取科学的方法，对项目团队成员的行为、思想和心理进行有效的管理，充分发挥他们的主观能动性，实现项目的最终目标。充分发挥其主观能动性，做到人尽其才、事得其人，同时又保证项目团队以高度的凝聚力和战斗力实现项目的既定目标。

项目人力资源管理过程主要包括：项目人力资源计划编制、项目团队组建、项目团队建设及项目团队管理。

7.1.2 项目组织结构

编制项目人力资源计划前，首先应确定项目的组织结构。组织结构表现了项目团队与整个公司及项目相关的所有涉众之间的关系，往往对项目能否获得所需资源，和以何种条件获取资源起着制约作用。项目组织结构主要有三种类型：职能型、项目型和矩阵型。

1. 职能型（Functional Type）

传统的职能型组织结构如图 7-1 所示，这种组织形式中的每个员工都有一个明确的上级，员工按照其专业职能分组，如：设计、生产、检测部门等。项目以职能部门为主体来承担，每个职能部门内部仍然可以进一步划分职能组织，如：设计部可进一步划分为机械、电气部门等，并独立承担项目，但项目范围一般仍限定在所属部门内。职能型组织结构里一般没有项目经理，项目工作都是在本职能部门内部实现后再递交给下一个部门，如果在实施期间，涉及到了其他部门的问题，只能由部门经理间协调和沟通。如：当一个职能型组织进行产品开发时，生产阶段工作的完成常常称为生产项目，仅仅包括制造人员，交由生产部门完成。当在生产过程中发现设计方面问题的时候，这些问题只能逐级提交给本部门经理，由本部门经理与其他部门经理协调和沟通,问题得到答复后再由本部门职能经理逐级下传给制造人员。

这种组织结构适合传统产品的生产项目，项目规模小，部门间工作独立，工作专业面单一，以技术为重点的项目。

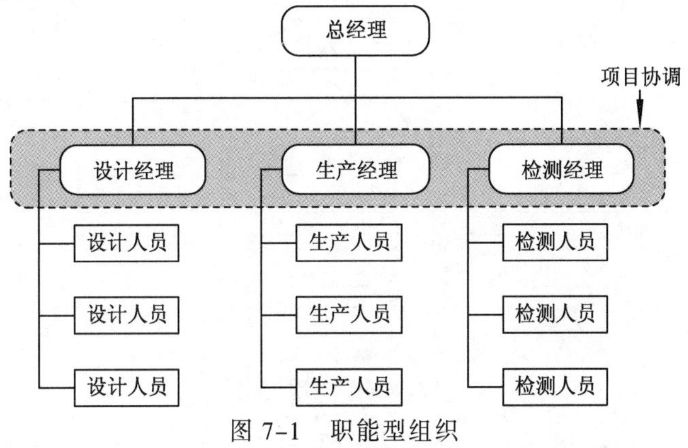

图 7-1 职能型组织

2．项目型（Projectized Type）

项目型组织结构如图 7-2 所示，这种组织形式以项目为中心构造一个完整的项目组，项目经理拥有足够大的权力，可以根据项目需要调动项目组织的各种资源。项目团队的所有成员只需直接向唯一的领导项目经理汇报，但是当项目完成之后，团队的人员就被解散了，人员的去向就是一个问题了。在项目型组织中，每个项目就像一个独立自主的子公司那样运行，完成每个项目目标所需的资源直接配置到项目中（如人员：技术人员、财务人员、行政人员等；如设备：软件设备、硬件设备等），专门为这个项目服务。

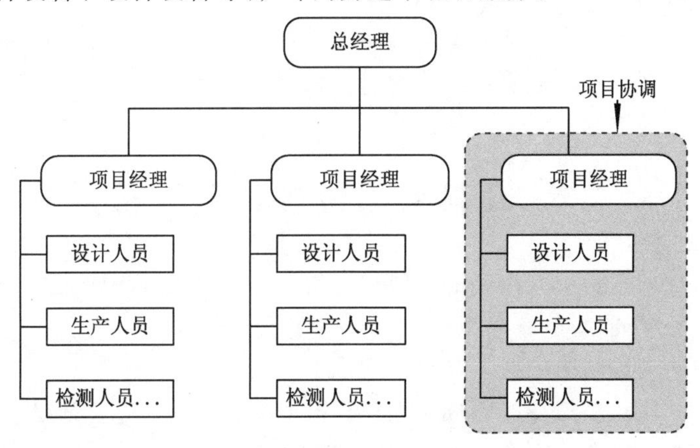

图 7-2 项目型组织

这种组织结构适合于开拓型等风险较大的，或者对项目的时间、成本、质量等各项指标要求比较严格的，或者一些大型、复杂、紧急的项目。

3. 矩阵型（Matrix）

矩阵型组织结构如图 7-3 所示，矩阵型组织结构是职能型与项目型组织结构的结合体。它根据项目需要，从不同职能部门选择合适的项目成员，组成临时的项目组，项目结束了，该项目组也就解散了，各个成员再回到原来的职能部门。由于项目内的团队成员来自不同的部门，所以受到职能经理和项目经理的双重领导。

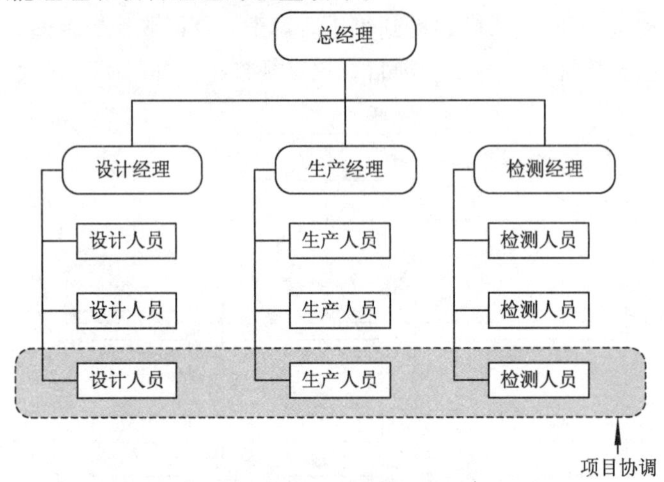

图 7-3　矩阵型组织

矩阵型组织结构中项目组织与职能部门同时存在，既发挥职能部门纵向优势，又发挥项目组织横向优势。专业职能部门是永久性的，项目组织是临时性的。职能部门负责人对参与项目组织的人员有组织调配和业务指导的责任，项目经理将参与项目组织的职能人员在横向上有效地组织在一起。职能经理则负责为项目的成功提供所需资源，而项目经理对项目的结果负责。

这种组织结构适合于管理规范，分工、责任明确的公司，或者是需要跨职能部门协同工作的项目。

以上三种组织结构类型是最基本的类型，多数现代企业的组织结构都不同程度的具有以上各种组织类型的结构特点。如：一个职能型的组织，可能会组建一个专门的项目团队来实施一个非常重要的项目，这样的项目团队可能会具有很多项目型组织中项目的特点。无论什么情况，作为项目管理者应根据项目具体情况，制定一套合适的工作程序，以利于成员间的信息交流和各项任务的协调。

7.2　项目人力资源计划编制

项目人力资源计划编制一方面决定了项目的角色、职责以及报告关系；另一方面也会创建一个项目人员配备管理计划。

项目人力资源计划编制的依据主要有以下几个方面。

活动资源估计：项目经理将任务分解之后，可根据各项任务定义活动，而后根据活动估计所需人力资源，初步确定人力资源的类型、数量和质量要求等。

项目组织结构：通过组织结构，项目经理能了解该项目涉及哪些组织或部门、它们的工作安排，当前项目是否能从其他组织或部门获取所需的人力资源等。

人员关系：理顺项目“候选”团队中存在怎样的关系？这能帮助项目经理识别项目的职责及报告关系。如：团队成员的工作职责是什么？团队中存在哪些上下级关系、哪些正式或非正式的汇报关系？是否会存在某些不同的文化或语言会影响到团队成员间的工作关系等。

组织过程资产：已经存在的类似项目的资源数据、模板、工具等对资源估算会有很好的参考和辅助作用。

其他项目管理计划：项目的范围计划、质量计划、风险计划等，可以帮助项目经理识别项目必需的角色和职责。

编制项目人力资源管理计划主要完成以下工作：

1．软件项目组织结构图

公司的组织结构图是设计软件项目组织结构图的第一步，在此基础上还要清晰的设计出结构中的各种资源间的报告关系，如图7-4所示。表7-1进一步描述了软件项目中的主要角色和职责。

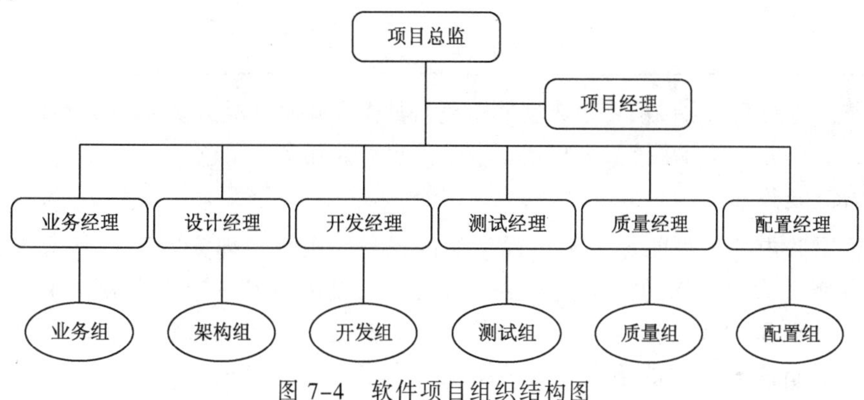

图7-4　软件项目组织结构图

表7-1　软件项目主要角色和角色间的关系

角　　色	角色描述	主要职责
项目总监	项目管理最高决策人，项目总体方向进行决策和跟踪	任命项目经理。 对立项、撤销项目及项目中的重大事件决策。 审批项目计划及对项目实施宏观调控。
项目经理	直接向项目总监汇报，是客户方和公司内部交流的纽带，对项目过程进行监控，对项目的进度、质量等负责。	计划：对项目制定单项及整体计划。 组织：分配资源、确定优先级、协调与客户之间的沟通，鼓舞团队士气，为团队创造良好的开发环境，使项目团队一直集中于正确的目标，按预期的计划执行。 控制：保证项目在预算成本、进度、范围等要求下工作，定期跟踪、检查项目组员的工作质量，定期向上层领导汇报工作进展。
业务组	负责完成团队的需求分析任务	收集需求、分析需求，对需求建模。 参与需求评审和需求变更控制。 协助验收测试的实施和完成（因为该小组成员最了解客户的需求）。
架构组	负责建立和设计系统的总体架构、详细设计	负责在整个项目中对技术活动进行领导和协调。 为各构架视图确立整体结构：视图的详细组织结构、元素的分组以及这些主要元素组之间的接口，最终的部署等。 完成系统的总体设计、详细设计。 配合集成测试的实施和完成。

续表

角　色	角色描述	主要职责
开发组	负责完成系统的编码任务	编写代码，完成对应的单元测试。 提交完成的软件包供集成、验收测试。 修复代码中的错误。
测试组	负责计划和实施对软件的测试，及时发现软件中的错误	负责对测试进行计划、设计、实施和评估。 提交发现的软件错误并跟踪，直到错误解决。 提交测试结果和完整的测试报告。
质量组	负责计划和实施项目质量保证活动，确保软件开发活动遵循相关标准。	编写质量计划，实施并控制。 提交质量执行结果与计划的差异报告，找出原因和改进方法。 定期召开质量会议讨论质量提高方案。
配置组	负责项目中的配置管理活动	负责版本控制，变更控制。 建立基线并维护。 对各种配置项定义。 对开发和测试环境的搭建和维护。

以上所描述的都是软件项目中典型的角色，具体实施时可根据项目的实际情况来定义所需的角色，一个角色可由多个人来担任，一个人也可兼任多个角色。

2. RACI 矩阵

在项目团队内部，可能会经常出现类似的现象：项目经理为团队几个成员分配了一项重要的任务，大家都以为这是为其他人分配的，结果没有一个人去做；或者一项任务分配下来，团队里的成员都觉得是自己的工作，于是都着手去做，结果太多的人去做了同一项工作，造成了资源的浪费；或者团队成员经常对自己的工作感到困惑，不清楚自己该发挥什么作用，不清楚自己到底该做什么……这些现象都会造成项目组内部资源的损耗，影响项目的进度，项目经理应该让团队成员明确团队工作分配及团队中每个人的角色及职责。

RACI 矩阵就是一种明确角色与职责的有效工具。RACI 是 Responsible、Accountable、Consulted、Informed 的首字母缩写，RACI 矩阵是一个二维的表格，横向为角色或人员，纵向为具体的活动或职责，纵向和横向交叉处表示角色或人员与各个活动或职责的关系，如表 7-2 所示。

表 7-2　项目 RACI 矩阵

RACI 矩阵		人员			
		项目经理	设计人员	开发人员	项目总监
工作包	项目管理	R	I	I	I
	设计	C	R	C	I
	开发	C	C	R	I
	测试	C	C	R	I

R=负责（Responsible）；A=批准（Accountable）；C=咨询（Consulted）；I=告知（Informed）

表格中具体的关系应通过解决以下问题来明确：

谁负责（R=Responsible），负责执行任务的角色，具体负责操控项目、解决问题。

谁批准（A=Accountable），对任务负全责的角色，只有经其同意或签署之后，项目才能得以进行。

咨询谁（C=Consulted），在最终形成决定或采取行动前需要咨询、征求意见/建议的人，这里包含双向的沟通：咨询和反馈。

告知谁（I=Informed），及时被通知结果的人员，这是一个单向的沟通，不必向其咨询、征求意见。

RACI 矩阵通常是由团队集体进行决定、认可的，具有高度的参与性，这有助于团队中每个人了解整个项目中的工作内容、由谁去做；明确了每个人在团队中的角色和职责；同时也避免了由于对角色理解的偏差而带来沟通不畅等问题，减少了无谓的工作，团队协作得以加强。

3．人员配备管理计划

项目中人力的投入、人员的配比不是固定的，是随任务内容和时间的变化而变化的。项目初期人数比较少，为了确定项目的范围，投入的主要人力资源是业务分析人员；到了细化阶段，为了确定系统的体系结构，制定项目计划，投入的主要人力资源是系统架构师、用户界面设计师等设计人员；随着项目的推进，项目中的人数越来越多，到了构造阶段，为了完成客户需要的产品，投入的主要是开发人员、测试人员；当项目的产品提交给客户时，项目中的绝大部分工作都已完成，有些人员会离开项目去接受新的任务，当前项目的人数会逐渐减少。所以应明确什么人，什么时间，如何进入到项目中来。

人员配备管理计划描述的就是人力资源需求何时以及怎样被满足的，一般包括资源—时间表（如图 7-5 所示）、人员的培训需求、认可和奖励以及撤出原则。

培训需求：为提高项目团队的工作技能和技术水平，同时增加团队凝聚力，增强团队成员对团队的归属感和责任感，需要为团队成员制定长期或短期的培训计划，如：“每个团队成员都会有一周岗前培训，在项目执行过程中，项目经理会对每个成员进行技能评测，来确定是否有其他的培训需求。”

认可和奖励：团队的士气也是项目成功的一个因素，项目经理可通过一定的物质奖励、精神奖励去激励项目成员，激发他们的工作积极性、主动性和创造性。如：“如果项目按时完成，每个团队成员会有 1 000 元的项目完成奖金，如果能满足所有的质量控制标准，每个成员还会再得到 500 元奖金。”

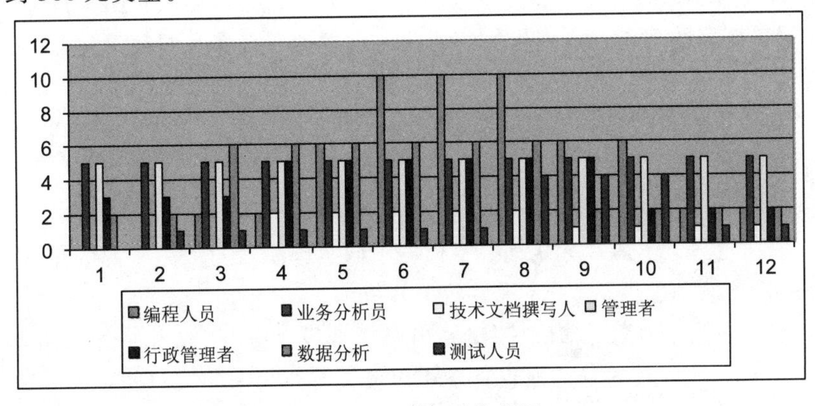

图 7-5　人力资源柱状图

撤出原则：在人员撤出团队前，应规定团队成员撤出项目的时间和方法，如："每个团队成员必须根据时间表从项目撤出，当团队成员的可交付成果经过检查并通过所有质量控制流程之后才能撤出。"这对项目和团队成员都有好处，当已经完成任务的人员适时离开团队时，就不会再消耗项目的成本，该成员也会在新的项目中发挥技能，得到更多锻炼提升。

7.3 项目团队组建

虽然项目人力资源管理计划已经完成，但将合适的人员招募到项目中来，并为其分配合适的角色，仍然是件很复杂的事。组建项目团队，要考虑进度资源的平衡，要考虑项目的工作量及所需的技能，要考虑人员如何获取，人员的性格、经验及团队工作的能力等多种因素，进而选择合适的人员加入项目团队。

招募人力资源的方法很多：有谈判，事先分派，建立虚拟团队，采购等。某些项目会需要公司内部的一些资源（但是他们并不需要向项目经理做汇报），此时项目经理需要就这些人员的使用时间与职能经理（或者其他项目经理）进行"谈判"获取。有些情况下，不需要谈判，项目成员可能会"事先分派"到项目上，如：项目启动时，公司就已经保证会将某些有经验的专家或有特殊技能的人员分配到项目中，这样的成员在人员配备管理计划中可直接进行具体任务分配。有些项目中可能会存在一些不在同一个地方工作、很少有时间或没有时间能面对面开会的成员，如项目依赖承包商和顾问完成外购工作，此时可构建"虚拟团队"，使用电话、Email、即时通信和在线协作工具来完成合作。当公司缺少足够的内部资源完成项目时，就必须从外部资源获得必要的服务，即"采购"，这包括雇佣独立咨询人或向其他组织签订转包合同。

团队成员的选择关系到整个团队未来的业绩，在选拔人员前应明确项目需要的人员技能并验证需要的技能。必要时在选择人员前，就通过一些心里评测、专业考察、技能考试、档案查询等方式获取有关人员的可靠数据，作为选择的依据。当然，即使有些人员暂时不具备相应的岗位技能要求，但出于学习能力强、可经过岗前培训迅速提高技能达到要求等因素，也可能将其纳入到项目中来。

在选择团队成员上，除了要求具有基本的专业素质外，还要求具有较强的全局意识和团队合作精神。良好、轻松的工作氛围，能促进员工积极主动的投入到工作中并获得高效的工作成果，这样的氛围一方面需要项目经理积极营造，另一方面也要依赖团队每个成员的努力。"人"积极的塑造良好的环境，成就优秀的团队，反过来在良好氛围的熏陶下，"人"也会变得更加优秀，这是一种良性循环。

工作任务确定、人员招募齐全后，就要安排人员来完成，这就要求项目经理充分了解项目组每个成员的能力所在、适合做什么事，性格如何、适合和什么样的人配合，安排"合适的人，做合适的事"。在对项目成员配置工作时，可参考以下原则：人员的配备必须要为项目目标服务；要以岗定人，不能以人定岗；要根据不同实施阶段对人力资源的需求（如：种类、数量、质量等），动态调配人员。

项目经理在为人员分配工作时，一定要当心"光环效应"。即当一个人对某一项工作很擅长的时候，你会顺理成章的认为他也具备相应的技术能力来完成另一项难度相当的工作，但实际上新的工作他完全驾驭不了。

7.4　项目团队建设

项目团队建设主要是管理整个项目团队，使整个项目团队协调一致，有一个共同的奋斗目标，使项目团队中的每一个成员都充分发挥他们在项目中的作用。

成功的项目团队具有一些共同的特点：团队目标明确，成员清楚自己的工作对目标的贡献；团队的组织结构清晰，岗位明确；有规范的工作流程和方法；项目经理对团队成员有明确的考核和评价标准，工作结果公正公开、赏罚分明；有较强的组织纪律性；相互信任，善于总结和学习。

为了建设一个成功的项目团队，项目经理要做的一项最重要的事，就是在保证目标一致的前提下，要保证团队得到激励并妥善管理。

7.4.1　制度的建立与执行

1. 目标一致

项目团队一个突出的特点就是团队成员有着共同的工作目标，无论团队规模大小、人员多少，必须有效设计目标体系，达成团队共识，合理目标的设定可以成为团队发展的动力。

目标体系包括两个方面，其一，设置团队短期和长期的目标，其二，设定团队成员的个人目标。

项目的短期目标会给整个团队带来真实的动力，长期目标会给团队带来无形的激励，团队目标通过合理的手段进行分解，制定详细的计划，执行，评估和反馈，可以尽快的把目标标准化、清晰化，加快目标的实现。

团队中存在不同角色、不同性格的个体，由于个体的差异，导致其分析问题、解决问题的视角不同，对项目目标的理解和期望值都会有很大的差别，这就要求项目经理要善于捕捉成员间不同的心态，理解他们的需求，帮助他们树立和项目同方向的不同阶段的目标、得到他们的反馈，在项目实施过程中监督，修正，直到项目完成，这样就能使大家劲儿往一处使，发挥出团队应有的战斗力。

2. 制度的建立与执行

正所谓“没有规矩，不成方圆”，项目中如果缺乏明确的规章、制度、流程，工作中就非常容易产生混乱，如果有令不行、有章不循，按个人意愿行事造成的无序浪费，更是非常糟糕的事。建立团队中每个人都能适应的工作制度并保证有效执行，可以避免团队人员之间的很多问题。

健全的项目开发规范和流程、考勤制度、会议制度和奖惩制度等是软件项目开发团队中必须建立的基础制度。

健全的项目开发规范和流程是项目成功实施的保障。如：建立统一格式的项目模板，有利于整体管理和后期分析；建立不同项目阶段的任务检查清单，可提高产品的质量；建立编码规范，能提高软件的可读性和可维护性等。项目团队成员在按照规范和流程实施的过程中，也能站在全局的角度理解项目，能学到更多的知识，建立对团队的认同感和信心。

考勤制度是约束员工时间观念的一种方法，没有考勤制度，员工的正常工作时间没法保证，容易养成自由散漫的作风，这是团队建设中最不愿看到的，只是在制度建立上需要充分考虑软件行业的特殊性。

会议制度是加强团队整体沟通和控制的一种机制。会议制度规定了会议时间、会议内容、参加人、列席人员等，项目经理通过会议能了解员工的工作情况、项目的整体进展及当前存在的问题，团队成员通过会议交流，能够了解项目全局、避免重复工作，并获得团队对自身工作的认可，鼓舞士气。

奖惩制度是提高项目组成员积极性和责任心的一个有效机制。但这也是一把双刃剑，用不好会起到相反的作用，所以项目经理要把握好使用的分寸。

制度建立时也要充分吸收骨干成员的意见，一方面使得制度更符合实际，另一方面通过参与的形式达成共识，增加了他们的归属感和使命感，也降低了执行的难度。制度一旦建立，项目团队成员就必须按照规定严格执行。

7.4.2 团队成员的激励

作为项目经理，具备“软技能”十分重要，应真正了解，什么能让团队成员努力工作，并帮助解决他们的问题，即通过激励调动员工的工作热情。管理学发展到现在，很多科学家都对激励提出了自己的理论，对如何激励员工提出很好的指导思想。

1. 马斯洛需求层次理论（Maslow’s Hierarchy of Needs）

马斯洛需求层次理论指出，人们都有需求，在满足较低需求之前他们甚至不会考虑更高层次的需求。马斯洛需求层次理论认为人类的需求是以层次形式出现的，共分5层，自下而上依次由较低层次到较高层次排列，如图7-6所示。其中生理需求、安全需求、社会需求、自尊需求被认为是基本的需求，而自我实现需求是最高层次的需求，只有满足了人的基本需求之后，人们才能去追求更高层次的需求。

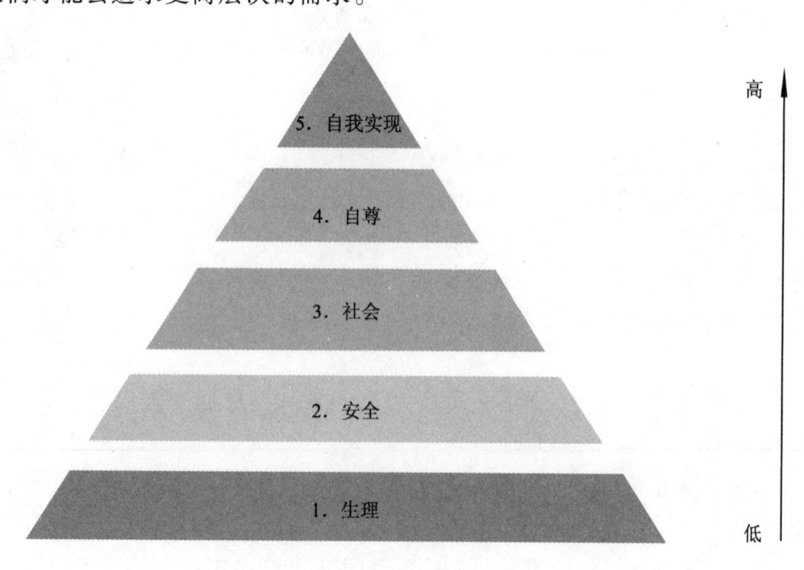

图7-6　马斯洛需求层次

激励来自于为没有满足的需求而努力奋斗，某一层次的需求相对满足了，就会向高一层次发展，追求更高一层次的需求就成为驱使行为的动力。在团队建设过程中，项目经理需要理解项目团队的每一个成员与生理、安全、社会、自尊和自我实现等需求，并实施相关的激励。生理需求和安全需求是人们生活的最低需求，一般我们的项目团队成员都已经满足，因此，团队成员就会有更高层次的需求。

但是我们也要知道，五种需求虽然按层次逐级递升，但这样次序不是完全固定的，可以变化，也可能有种种例外情况；同一时期，一个人可能有几种需求，但每一时期总有一种需求占支配地位，对行为起决定作用。任何一种需求都不会因为更高层次需求的发展而消失。各层次的需求相互依赖和重叠，高层次的需求发展后，低层次的需求仍然存在，只是对行为影响的程度大大减小。

与马斯洛需求层次理论对应的还有赫茨伯格（Hertz Berg）的双因素理论。赫茨伯格指出人的激励因素有两种：一种是保健因素，包括新近福利、工作环境以及与老板和同事的关系，他们并不激励你，但是在得到激励之前首先需要有这些东西，类似于马斯洛的三个最低层次需求，即生理、安全和社会需求；另一种是激励因素，类似于马斯洛的自尊和自我实现需求。

除了马斯洛和赫茨伯格的需求理论以外，还有一个重要的理论——McGregor 理论，即 X 理论和 Y 理论。

2. McGregor 的 X 理论（McGregor's X Theory）

McGregor 的 X 理论认为，通常来说，只要员工有机会在工作时间内不工作，那么他们就不工作，只要有可能他们就会逃避为公司付出努力去工作，所有的活动都是基于他们自己的意愿，宁愿懒散也不想为其他人作出一点付出。

X 理论认为员工是懒散、消极的、不愿意为公司付出劳动，我们必须要清晰的为每个员工分配好任务，并且需要更多的督促、更多的指导以及更多的控制来使他们投入更多的工作；为了使员工更加努力的工作，我们会给员工提供奖励，可还是会有一些员工不愿为此努力，很多接受了奖励的员工还会抱怨他们需要更多的奖励，并还是不会全身心的工作，所以不得不采取更多的检查、指导和批评，有时甚至需要惩罚，否则管理者稍有松懈，就可能有情况发生。

持 X 理论的管理者，往往时刻监督着团队中的每个人，不信任团队，也让团队成员感觉自己不被信任。根据员工的特点，他们一般会对员工采取两种措施：一是软措施，即给员工给予奖励、激励和指导等；二是硬措施，即给员工予以惩罚和严格的管理，给员工强压迫使其努力工作。

3. McGregor 的 Y 理论（McGregor's Y Theory）

McGregor 的 Y 理论认为，员工是积极的、喜欢挑战的，要求工作是人的本能；人们愿意为集体的目标而努力，在适当的条件下，人们不仅愿意接受工作上的责任，还会寻求更大的责任，即使没有外界的压力和处罚的威胁，他们一样会努力工作。

Y 理论的思想认为，员工是积极的、主动的在工作中发挥自己的特长、释放自己能量，因此，应该在项目过程中给予员工以宽松的工作环境，并提供促其发展的自主空间，展现自己的才华。

持 Y 理论的管理者主张用人性激发的管理，使个人目标和组织目标一致，会趋向于对员工授予更大的权力，以激发员工对工作的积极性。

McGregor 的 X 理论和 Y 理论各有自己的长处和不足：X 理论可以加强管理，当团队成员通常比较被动工作时 Y 理论虽然可以激发主动性，但对团队成员工作把握又似乎欠缺原则，因此，在一个项目团队中，我们应因人而异，因团队发展阶段而异，灵活使用这两种原则。如：在团队刚刚组建阶段，大家对项目都不是很了解，这是需要项目经理应用 X 理论，建立必要的规范，尽快让团队进入正轨；当项目团队成员对项目的目标达成了一致，都有意愿为项目努力工作，这时我们可以应用 Y 理论，授权团队完成所负责的工作，并提供机会和环境。

在实际项目管理过程中，项目经理可以根据不同员工的需求，采取各种合适的措施，调动员工的积极性，主动性，提高工作效率，实现项目目标，可以适当参考以下技巧。

薪酬激励：将薪酬与绩效挂钩，为员工提供物质鼓励。

目标激励：给下属设定适合自己的目标，并为之创造实现条件。

机会激励：为每一位员工提供平等的参与学习、培训和获得挑战性工作的机会。

环境激励：为员工营造舒适的工作环境，对成绩突出的员工表彰、强调公司对其工作的认可。

情感激励：对员工信任，发掘优点，适时的赞许、鼓励，合理的授权都是有效的情感激励手段。

认可激励：上司认可是对员工工作成绩的最大肯定，但认可要及时，可以是公众面前口头的表扬，也可以是一封广播的邮件。

对于激励还有一点非常重要，就是自我激励，自我激励可以使自己以积极的心态，满怀信心的面对问题。

7.4.3 团队成员的培训

培训可以提高项目成员的本领、工作满意度，也可以提高项目团队的综合素质，提高项目团队的工作技能。对员工的培训包括针对提高员工技能的岗位培训，和有利于员工职业生涯的个人发展培训。

针对员工的岗位培训主要有两种：一种是岗前培训，主要对项目成员进行一些常识性的岗位培训和项目管理方式等培训。另一种是岗上培训，主要根据开发人员的特点，针对开发中可能出现的实际问题，而进行的特别培训，大多偏重于专门技术和特殊技能。

针对员工的个人发展培训，指在适应项目特点及目标的前提下，根据成员个人的条件和背景，由成员和项目经理共同协商，规划出一套切实可行的、符合自己特长及发展方向的个人职业生涯发展体系，为成员提供实现个人专长的契机。这样一来，团队成员在培训中既提高了个人技能，又促进了团队的发展；既增强成员对团队的归属感和责任感，又降低了团队成员的流动率和流动倾向。

培训可以是正式的也可以是非正式的，可以是线上的也可以是线下的，可以是集中时间的也可以是分散的。但计划好的培训一定要如期的开展起来。

如果经过培训项目团队成员仍缺乏必要的管理或者技术技能，那么有必要采取一定措施重新安排项目的人员。

项目经理也可以安排其他一些活动，诸如团队野外拓展等，多方面的促进团队建设。

7.5　项目团队管理

在团队管理过程中，项目经理可行使五种权力来管理和要求项目团队的成员来完成工作。

（1）合法的权力：公司对项目经理正式授予的让员工工作的权力，如：公司赋予项目经理预算分配的权利，则项目经理就可以在指定的情况下，使用合法的权力对项目的预算进行分配。

（2）强制力：指用惩罚、威胁等消极手段强迫员工工作。如：一个项目经理可以用解雇员工的威胁来改变他们的行为方式。然而，一般情况下，强制力对项目团队的建设不是一个很好的方法，建议不要经常使用，如果必须使用，尽量保证是一对一的，私下进行，否则会适得其反。

（3）奖励权力：使用一些激励措施来引导员工去工作。奖励包括薪金、机会、情感等手段，当奖励与具体的目标或项目优先级挂钩时会最有效果。一定要保证奖励是公平，每个人都有的到奖励的机会。

（4）专家权力：用个人知识和技能让员工改变他们的行为。如果项目经理是某个特定领域的专家，那么员工可能会因此遵照项目经理的意见工作，并信任项目经理。

（5）潜示权力：暗示某项事务得到了高于自己级别（或权威）的重视、关注。如：每个人都会按照这个项目经理的安排去做，因为他深得高级经理的喜爱。

以上 5 种权力，建议项目经理最好常用奖励权力和专家权力来影响团队成员去做事，尽量避免强制力。管理中具体涉及到的内容如下。

7.5.1　过程管理

团队的过程管理就是通过熟悉和了解团队在不同时期的特点来对团队进行管理。

团队的发展一般都要经过形成期（forming），震荡期（storming），规范期（norming）和执行期（performing）这四个阶段。

形成期：项目组成员刚刚开始在一起工作，总体上有积极的愿望，急于开始工作，但各成员间都不是十分清晰各自的责任和目标，会有很多的疑问。虽然表面上都很礼貌，但彼此都缺乏信任。

震荡期：组员之间基本已经熟悉，对各自的任务也比较了解。但是随着工作的开展，各方面问题会逐渐暴露，互相之间也容易产生冲突。

规范期：组员之间已经认同团队的目标，在做法和意识上基本达成了共识，团队开始表现出凝聚力。彼此之间也有了相互的信任，开始表现出相互之间的理解、关爱，亲密的团队关系开始形成。

执行期：这是规范阶段的提升。团队成员一方面积极工作，为实现项目目标而努力；另一方面成员之间能够互相帮助，共同解决工作中遇到的困难和问题，创造出高质量的工作效率。

在团队“形成期”，要发挥“领”的作用，即项目经理应该引领团队成员尽快适应环境、融入团队氛围，让成员尽快进入状态。明确每个项目团队成员的角色、主要任务和要求，帮助他们更好地理解所承担的任务在项目实施的过程中团队主管项目经理要时刻走在前面，起到榜样和示范的作用。

在团队"震荡期"，要发挥"导"的作用。由于团队人际关系的不稳定，矛盾冲突的不断涌现，项目经理要做好导向工作，及时解决冲突、化解矛盾，允许成员表达不满或他们所关注的问题，利用这一时机，创造一个理解和支持的环境。

在团队"规范期"，项目经理尽量减少指导性工作，给予团队成员更多的支持和帮助，在确立团队规范的同时，要鼓励成员的个性发挥，注重培育团队文化，培养成员对团队的认同感、归属感，努力营造出相互协作、互相帮助、互相关爱、努力奉献的精神氛围。

在团队"成熟期"，项目经理要为团队设立更高的目标，授予团队成员更大的权力，尽可能地发挥成员的潜力，帮助团队执行项目计划，集中精力了解掌握有关成本、进度、工作范围的具体完成情况，以保证项目目标得以实现。

团队发展的不同阶段，其特点也各不相同，必须因时制宜，正确的、及时的化解团队发展中的各类矛盾和问题，促进团队的不断发展。

7.5.2 冲突管理

没有人喜欢冲突，但有人的地方就有冲突，尤其是项目处在"震荡期"时。在正确的管理下，不同的意见是有益的，可以增加团队的创造力、做出更好的决策。当不同的意见变成负面的因素时，项目团队应解决这种冲突。

根据美国项目管理协会（PMI）的统计，项目中存在七种主要冲突：项目优先级、进度、成本、资源、技术、管理过程、个人冲突。按照项目的执行过程，各种冲突排序如下：

初始阶段：项目优先级、管理过程、进度。

计划阶段：项目优先级、进度管理过程。

执行阶段：进度、技术、资源。

收尾阶段：进度、资源、个人冲突。

冲突产生的原因有很多，如：责任模糊，多个上级的存在，项目始终处于紧张、高压的环境，新技术的流行等。但无论是什么冲突、什么原因产生的，项目经理都有责任处理好它，避免或减少冲突对项目的不利影响，增强冲突对项目的积极影响。常用的处理冲突的方法有五种。

面对问题：找到冲突的根本原因，并与所有人合力找出方案来解决冲突，它是冲突管理中最有效的一种方法，问题得到解决，大家都受益，所以这种方法是"双赢"。

妥协：寻找一种能够使大家一定程度上都较为满意的方法，这意味着每个人都有所取舍，没有任何一方完全满意，所以很多人把种方法称为"双输"的解决方案。

求同存异：是指与他人合作，大家都关注他们一致的观点，避免不同的观点，这种方法要求保持一种友好的气氛，先把工作做完，但是往往不能解决冲突的根源。

强制：表示一人独断作出决定，一方全赢，则另一方全输，但这样一般会导致新的冲突产生。

退出：退出对所有人都没好处，这表示人们将眼前的问题搁起来，等待以后再解决，也就是大家以后再处理这个问题，这样问题不会消失，始终在项目中。当团队之间的冲突对组织目标的实现影响不大而又难以解决时，组织管理者不妨采取回避的方法。

7.5.3　团队绩效评估

当项目开始执行，一些培训、激励等措施被实施后，根据目前项目收集到的数据，正式或非正式的团队绩效评估就可以展开了。其结果可以用来帮助我们作出关于评价、奖励和纠正措施的决策，这也是促进团队发展所需的一部分工作。

团队效率的评估影响包含以下三方面：

（1）提高个人技能，可以使专业人员更高效地完成所分配的活动。

（2）提高团队能力，可以帮助团队更好地共同工作。

（3）较低的员工流动率。

正式和非正式的项目绩效评估依赖于项目的持续时间、复杂度、组织原则、员工的合约要求和定期沟通的数量和质量等。绩效汇报中应包含来自任何和项目成员有接触的人员（如：上级领导、同级同事、下级同事、客户、外部评审员等）的相关信息（如：进度、成本、质量和过程审计的结果）。

关于绩效评估，详见第 8 章 8.4 绩效报告。

第8章 软件项目沟通管理

软件项目不同于传统的项目，软件开发的原料是信息，中间过程传递的是信息，提交的产品也是信息，所以信息的产生、收集、分发、储存和处理——即沟通管理显得尤为重要。

8.1 沟通的重要性

2001年Standish Group研究表明软件项目成功的四个主要因素分别为：管理层的大力支持，用户的积极参与，有经验的项目管理者，明确的需求表达。而这四个要素全部依赖于良好的沟通技巧。软件开发中需要大量的沟通，项目经理大约80%以上的工作是沟通，畅通、有效的沟通是获取足够信息、发现潜在问题、控制好项目的基础。。

所谓沟通（communication）是人们分享信息、思想和情感，建立共同看法的过程。沟通主要使互动的双方建立彼此相互了解的关系，相互回应，并且期待能通过沟通相互接纳和达成共识。在软件项目中，沟通贯穿项目始终。

开发团队成员和各级领导间：项目汇报，项目评审，规范发布。

开发团队内部：技术交流，计划沟通，方案制定。

开发商和供应商间：采购沟通，供货，验货等。

许多专家认为：对于成功，威胁最大的就是沟通的失败。事实上也是如此，项目中的成员有不同的背景和性格，沟通能力也不尽相同，在沟通中特别容易出现问题。图8-1描述了一个项目在不同阶段，项目中不同角色成员对软件实现功能的理解和描述，在需求的传递过程中，在各个阶段误差被不断放大，最后结果让人啼笑皆非。

客户没能清晰、准确的描述自己的需求，导致沟通的最开始就有问题；项目经理没有对客户的需求确认反馈，与客户的需求产生了不一致；分析人员进一步误解了客户的需求，设计的内容发生了更大的偏差；程序员实现的软件功能更是与最初的需求更是大相径庭；业务咨询师又将需求描述成了另一番模样；项目各阶段的内容完全没有记录，文档几乎一片空白，沟通无据可依。

沟通管理就是确保及时、正确地产生、收集、分发、储存和最终处理项目信息，规避或减少类似错误的发生。做好沟通管理的第一步就是创建一个项目沟通管理计划。

图 8-1　讽刺沟通失败的幽默画

8.2　沟通管理计划编制

沟通管理计划包括确定了项目干系人的信息和沟通需求：谁需要什么样的信息，什么时候需要，以什么形式，依靠什么工具获得信息，信息又是如何被定义的。详细来说应包括沟通内容及结果的处理、收集、分发、保存的程序和方式，以及报告、数据、技术资料等信息的流向。

项目沟通计划在项目初始阶段完成，但计划过程的结果却在整个项目周期中被实践、审查和调整。

项目沟通计划编制一般要完成以下几方面的工作。

1. 识别干系人

虽然每一个项目，项目的每一个阶段都需要进行项目信息沟通，但需要的信息和发布的方法相差甚远，识别项目干系人的信息需求、并确定合适的需求分发手段，保证他们成功的获取信息，这对于项目成功相当重要。

所谓干系人指那些积极参与项目的个人和组织，或者是那些由于项目的实施或完成其利益受到消极或积极影响的个人或组织（当然他们也会对项目的目标和结果施加影响），如出资人、客户、项目团队成员、供应商等。一个软件项目的干系人很多，他们参与项目时的责任、权限以及对项目的影响以及沟通需求也随着项目生命周期的不同阶段而发生变化。

项目经理可以依据项目章程、项目的合同、采购文档、已有的历史项目经验等，找到所有可能的干系人会谈，了解他们的职责、目标、期望和担心，并得出这个项目对于他们的价值，形成干系人登记表，如图 8-2 所示。与干系人会谈过程中，可能会识别更多干系人。

干系人登记表	
姓名	张三
分组	出资人
职责	负责提高项目实施的资金； 确定项目的主题目标； 确定项目完成时间。
目标	在 100 万内完成本项目； 提升目前工作效率的 40%。
期望	改变整个组织的管理机制，盘活整个企业的活力。
担心	目前员工素质是否能适应这个系统。

图 8-2 项目干系人登记表

识别以上信息的同时，可以根据干系人的参与程度和对沟通的需求将干系人分组，同一组的干系人往往有类似的需求和项目利益，理解所有干系人的意图后，可以提出一个策略，确保已经告知他们认为重要的信息，而且还要确保他们不会因多余的细节而感到厌烦，而后形成干系人管理策略表，如表 8-1 所示。

表 8-1 项目干系人管理策略表

干 系 人	干系人分组	当前投入级别	投 入 动 机	期望投入级别
张三	出资人	理解	获取更大利润	接受
李四	项目组成员	全力以赴	获得更高技能	全力以赴
王五	客户代表	理解	解决当前系统问题	接受
赵六	主管副总裁	理解	解决更多成本	接受

在和干系人沟通过程中，可采用创建权力/兴趣表格来了解不同人的沟通风格，这有助于找出与他人和谐相处的方式。如图 8-3 所示，要关注权利和兴趣都很高的干系人，他们往往是决策者，对项目成功的影响最大，一定要精心管理他们的期望。

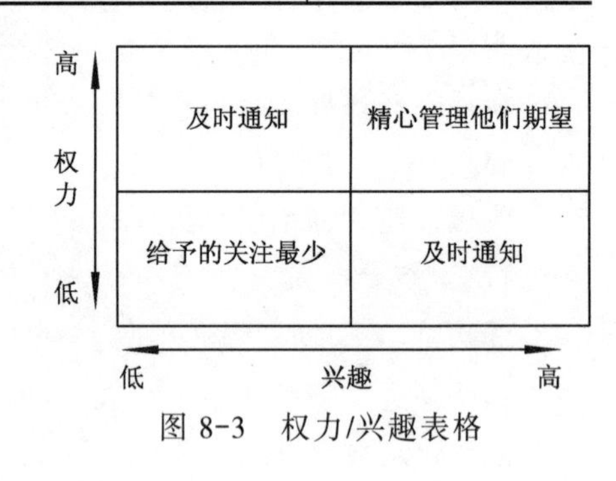

图 8-3 权力/兴趣表格

2. 沟通需求分析

沟通需求分析是项目干系人信息需求的汇总。这一步应明确界定谁、将什么时间、需要什么信息，怎么能更有效的获得及提供信息。

一个项目组中如果只有 2 个人，则沟通的渠道是 1 条；有 3 个人，沟通的渠道是 3 条；有 5 个人，沟通的渠道就有 10 条；如图 8-4 所示，沟通的渠道不是呈线性增长的，而是非线性的（其计算公式为 $N(N-1)/2$，其中 N 为团队成员总数）。如此复杂的沟通渠道，如果信息发错了人，沟通没有意义；如果所有的沟通渠道都是双向，管理成本又会增加。所以必须界定沟通的双方谁发送信息，谁接收信息。项目中角色、沟通渠道众多，项目本身会产生大量的信息，但谁也不希望将精力耗在无用的信息上（比如：高层项目经理肯定关心合同项目的成本，但他不需要与软件供货商、硬件供货商以及其他合作公司来讨论这个问题），因此也要明确沟通的双方需要沟通什么。

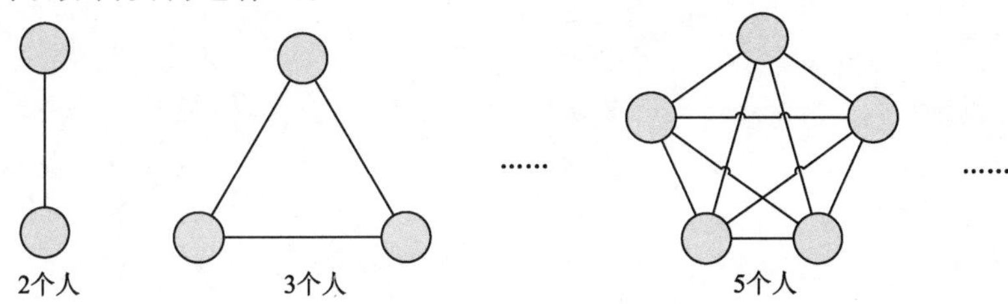

图 8-4　人数和沟通渠道的关系

沟通的内容包括沟通的具体信息，信息的格式，详细程度等，如果可能，可以统一项目文件格式，及各种文件模板，并提供编写指南。

沟通方法主要有：正式和非正式沟通，口头和非口头沟通，将他们组合一起，就构成了四种方法：正式书面沟通，非正式书面沟通，正式口头沟通，非正式口头沟通。项目管理人员应该了解到：对于紧急的信息往往采用口头的方式沟通；对于重要的信息往往采用书面的方式沟通。大量使用口头沟通最有可能协助解决复杂问题。口头沟通有助于在项目团队成员和其他项目干系人之间建立较强的联系。正式沟通是通过项目组织明文规定的渠道进行信息传递和交流的方式，如汇报制度、例会制度等。非正式沟同具有正式沟通无法比拟的优点，往往非技术人员更愿意以非正式的方式沟通。对于重大事件、与项目变更有关的时间、有关利益的承诺或者与合同有关的信息等采用正式的方式。

至于什么时间采用什么沟通方式，以及沟通的频率可根据干系人的需求及参照组织的历史项目数据来确定。

3．形成沟通计划

最终形成的沟通计划中一般包含以下内容。

沟通项目：分发给项目干系人的信息。

沟通目的：信息分配的动机。

沟通频率：信息分发的频度。

沟通开始/结束日期：信息分发的日程表。日程表需要项目干系人了解什么时候创建、接受或传送项目信息。

格式/媒介：信息编排与传输方法。

职责：团队成员掌控着信息分发的任务，结合项目管理计划，规定谁负责创建、手机和发送关键项目信息。项目沟通计划可繁可简，表 8-2 是一个简单的沟通计划。

表 8-2　沟 通 计 划

沟通信息	频　率	接　收　人	格式/媒介	细节描述	交付时间	发送人	反　馈
进度报告	每月	主管副总裁	电子邮件		每月 3 日前	项目经理	邮件绘制
		项目组成员	内部服务器共享		每月 3 日前		
		客户代表	书面		每月 3 日前		
续例会	每周	项目组成员	会议		每周	主持：项目经理	会议签到 会议纪要签收
		客户代表			每周		
		主管副总裁			每周		

8.3 信息分发

沟通计划编制好后，项目管理人员按计划组织相关人员，将信息及时、准确地向项目干系人提供所需信息，当项目中出现计划外的沟通问题时，项目经理也要灵活应对，并在管理过程中逐步积累相应的组织过程资产。

信息分发方法，也就是沟通方法在 8.2 节中已经介绍过，在此不做赘述。

信息分发工具，是向团队转达完成工作所需信息所使用的工具。包括：纸质文档，如项目会议、技术文档的复印件，手工文档系统；电子沟通，如电子邮件、传真、语音邮件、电话、录像带、网络会议和网上消息发布；电子工具，如项目管理软件，网络会议和虚拟办公支持软件，协作的工作管理工具等。所有这些都是信息收集和获取系统，因为它们产生的信息将用来做出有关项目的决策。

在执行沟通计划过程中，项目管理者可以将项目积累下来的沟通过程、经验、教训加以记录，使其他人也可以从当前的项目中受益，例如：

保留所有发出的干系人通知及干系人反馈，因为以后它们可能很重要；

保留所有项目档案，如备忘录、重要的 Email、公告或其他文档，并做相应的维护，便于信息追溯。

记录所有对项目采取的所有纠正和预防措施，以及在项目中学到的东西，并加入到组织资产库合理利用，为其他项目的项目经理积累可充用的经验教训。

8.4 绩效报告

绩效报告指收集并分发有关项目绩效的信息给项目干系人。项目经理采用多种方法获取项目组各项工作的进展情况，结合项目的范围、进度、成本和质量计划等信息，分析执行与计划的差异，发布绩效报告让所有人都了解项目的进展，并根据项目当前的情况预测未来可能的结果，如有问题，给出相应的解决方案。

项目中存在着大量信息，要由项目经理来掌握所有这些信息。这需要与人们交谈，进行测量，检查可交付成果，通常要对每一个细微之处都不放过，才能真正明确项目的实际状况。得到所有这些信息需要进行整理以进行差异分析。

差异分析包括两方面，一方面要分析项目在某一时间点上的状态，即状态报告，状态报告中将计划作为基准，衡量已经完成多少工作，花费了多少时间，是否有延迟，花费了多少成本。可以用挣值分析法来衡量。另一方面要分析项目在一定时间内的状态，即进展报告，进展报告一般是定期进行的，如每月一次，报告中除了需要列出基本的绩效指标，还要分析进度滞后（或提前）和成本超出（或结余）的原因，找出根源并提出解决建议。差异分析结果帮助项目经理确定项目是否在预算和进度控制内执行，如“团队超出预算 5%，且进度滞后 1 天”，遇到这种情况要尽快建立变更请求，如果不需变更，则尽快向团队建议纠正措施。

最终发布的绩效报告应按预期的沟通计划发布给相关的项目干系人，报告中体现了计划中规定的所有必须了解的细节，如表 8-3 所示。

表 8-3　绩效报告示例

工作分解结构要素	预算	挣值	实际成本	成本偏差		进度偏差		绩效指数	
	PV（¥）	EV（¥）	AC（¥）	EV-AC（¥）	CV/AC（%）	EV-PV（¥）	SV/PV（%）	成本 CPI EV/AC	进度 SPI EV/PV
1. 计划编制	63 000	58 000	62 500	-4 500	-7.8	-5 000	-7.9	0.93	0.92
2. 分析	64 000	48 000	46 800	1 200	2.5	-16 000	-25.0	1.03	0.75
3. 设计	23 000	20 000	23 500	-3 500	-17.5	-3 000	-13.0	0.85	0.87
4. 中期评估	68 000	68 000	72 500	-4 500	-6.6	0	0.0	0.94	1.00
5. 编码	12 000	10 000	10 000	0	0.0	-2 000	-16.7	1.00	0.83
6. 测试	7 000	6 200	6 000	200	3.2	-800	-11.4	1.03	0.89
7. 实施	20 000	13 500	18 100	-4 600	-34.1	-65 000	-32.5	0.75	0.68
总计	257 000	223 700	239 400	-15 700	-7.0	-33 300	-13.0	0.93	0.87

注意：绩效报告不只是告诉人们项目的进展情况，还要查找问题，即与干系人共同查看绩效报告，预测可能会发生的问题，并给出合理的纠正措施。

8.5　沟 通 建 议

8.5.1　沟通技巧

沟通必须是双向的才有效，在沟通的同时，如果能时刻保持着双赢的理念，双方相互信任，积极配合，协作完成工作，更有利于双方快速达成共识，并向着共同的愿景而努力。沟通中一些实用的技巧都有助于双方减少误会、愉快合作。

1. 学会倾听

“大自然给了人类一张嘴，两个耳朵，就是想让人们多听少说。”可见听的重要性。听懂别人所说并不容易，有时不仅要听别人说什么，还要听出别人没说什么。只有善于倾听才能等对方的意思表达清楚，只有善于倾听，才能理解对方的思维模式和感受。善于倾听是有效沟通的前提。

2. 表达准确

这就要求沟通者使用各种沟通手段，清楚的表达信息。有时还要借助说话的手势，语气和共享的图形、文件等手段来辅助说明。如，项目经理在和客户确认需求的时候提前准备了简单的界面设计模型来进行辅助说明需求，这会让需求表述更清晰、准确。

3. 双向沟通

双向沟通比单向沟通更有效，有效的沟通一方面取决于信息被有效的传递出去，另一方面取决于信息被有效的接收到，发送方只有得到了接收方的反馈，才能确认消息是否被有效的接收到，否则可能发送方就会重复发送，所以在沟通时，即使接收方没有问题或更好的建议，也应及时给对方反馈，以示收到信息，避免麻烦。

4．换位思考

人们往往喜欢从自身的角度去考虑问题，但是当尝试着从别人，与自身位置不同的人的身上来考虑问题的时候，得出的答案总是会不同。在软件开发过程可以尝试着让团队成员交换角色，明白别人的工作、自己所做的工作在整个系统中处于什么地位。这样，很有利于团队协作精神的培养，形成良性的团队开发氛围，发挥团队每个成员的特点和长处，更能使得项目顺利进行。

5．扫除障碍

目标不明确、职责定义不清晰、文档制度不健全等，都是沟通的障碍，要进行良好的沟通，必须扫除这些障碍。

6．因人而异

不同的人沟通风格不一样，有的是理想型，有的是理性型，有的是实践型，有的是表现型。了解不同人的行事风格，有益于找出与他人和谐相处的方式，达到更好的沟通效果。

8.5.2　知识传递及共享

萧伯纳说过："你有一个苹果，我有一个苹果，我们彼此交换，每人还是一个苹果；你有一种思想，我有一种思想，我们彼此交换，每人可拥有两种思想。"知识的彼此传递，就是知识的共享，思想的共鸣，大家通过不断的沟通，会使不同的知识得到融合，实现个人的成长、项目的成功。

1．知识传递

知识传递，也是沟通的一种体现。在软件开发过程中，信息和知识传递有两种方式，一种是贯穿项目发展不同阶段的纵向传递，一种是在不同角色和不同团队之间的横向传递。

纵向传递是一个具有很强时间顺序性的接力过程，是任何一个开发团队都必须面对的过程问题。软件开发都要经过从需求分析阶段到设计阶段、从设计阶段到编程阶段、从开发阶段到维护阶段、从产品上一个版本到当前版本的知识传递过程。

软件过程每经历一个阶段，就会发生一次知识转换，知识在传递过程中，失真越早，在后续的过程中知识的失真会放大得越厉害，所以从一开始就要确保知识传递的完整性，这就是为什么大家一直强调"需求分析和获取"是最重要的。

横向传递是一个实时性的过程，是指软件产品和技术知识在不同角色和团队之间的传递过程，包括系统分析人员、产品设计人员、编程人员、测试人员、技术支持人员之间的知识传递，包括不同产品线的开发团队之间的知识传递，不同领域之间的知识传递等。一个项目的成功需要团队的协作，需要相互之间的理解和支持，这也必然要求有横向的知识传递。

无论是哪种传递都应保证知识传递的有效性、及时性正确性和完整性。也已通过一些简单易行的方法来帮助实现这些目标：创造轻松、愉快团队氛围，可以促进充分、有效的知识传递；对团队的适时、定期的培训，可以促进及时、正确的知识传递；定期评审、复审，可以保证正确、完整的知识传递。

使用统一建模语言来描述领域模型，能使大家对问题有同样的认识，保证正确的知识传递。

2．知识共享

软件行业发展到今天，其实是一个漫长的知识和经验分享、积累、发展的过程。员工可以通过查询组织知识获得解决问题的方法和工具。反过来，员工好的方法和工具通过共享，扩散到组织知识里，让更多的员工来使用，避免资源浪费，提高组织工作效率。

作为公司应该创立知识共享的文化，为员工营造良好的知识共享氛围，提倡和激励员工将知识和经验共享，比如惠普公司建立了专家网络，让遍布全球、拥有个别特殊专业知识的员工能在需要的时候迅速的被找到；IBM 通过建立知识分享和信任的文化，鼓励员工贡献经验和思想，西门子公司通过独立的质量保证和奖励计划，来激励员工共享有价值的知识等。

作为员工个人，对知识应该采取开放的态度，让知识快速流动形成知识共享的链接和互动，积极参与知识的分享和讨论，在讨论中不断学习、提高，真正实现从知识到能力的跨越。

公司和个人的共同成长依赖于知识共享，高水平的知识创新以知识共享为前提，只有做好知识共享，公司和与员工才能共同进步。

第9章 软件项目风险管理

9.1 基本概念

2008年秋季，全球金融风暴使世界上许多人遭受了损失。尽管美国国会通过了7000亿美元的援助方案，但仍没有幸免。根据2008年7月做的一项针对全球316家金融服务机构管理人员的调查，70%的调查对象认为，信贷危机造成的损失很大程度上是因为风险管理的失败。他们指出一些实施风险管理方面的挑战，包括数据和公司文化等。比如，在很多组织中，获取相关、及时且连贯的信息仍然非常困难。很多受访者还表示，培养有利于风险管理的文化也是一个主要难点。

管理者和立法者终于开始关注风险管理。59%的受访者说，信贷危机促使他们更加深入细致地审查风险管理工作。一些研究机构也重新编写了风险管理惯例。目前，金融稳定论坛(Financial Stability Forum,FSF)和国际金融协会(Institute for International Finance, IIF)呼吁风险管理过程进行更加严格细致的审查。

Tower Group公司的分析员Rodney Nelsestuen认为："企业风险管理成为一个新的关键问题。因为利益相关者、董事会董事以及监管机构都需要更充分、更及时的风险分析。此外，他们还需要更深入地了解全球金融界不断变化的风险环境是如何影响风险管理制度的。"因此，忽略风险管理的重要性，或缩减这方面的投入，将导致虚假经济。应该把风险管理看成解决方案的主要内容，而不是问题的一部分。

风险管理的重要性包括：

（1）对潜在风险的预测会最大程度地降低其对期望结果的影响。

（2）提早做好相应的计划，从而降低风险发生时造成的压力。如果没有事先制定好相应的应急方案，那么到时就会手足无措。宝贵的时间会浪费在寻找替换方案上，而这又会减少最终实施替换方案的时间，从而危及到产品的质量。此外，在高度压力下做出的决定通常来说都不如事先制定好的有效。

（3）尽早识别出风险，以便选择具有最低风险的方案。如果存在多种选择的话，那么就可以仔细分析各种方案潜在的风险大小，最终选出风险最小的一个。

风险是一种对实现项目目标产生消极或积极影响的不确定性。风险管理就是为了管理项目中的风险而应用过程、方法和工具的一种实践，它提供了一种良好的环境来做出以下决策。

（1）连续的评估项目中存在什么样的风险。

（2）确定哪些风险是需要重点考虑的。

（3）对重点考虑的风险采取积极的措施来应对。

简单归纳软件项目风险管理工作就是在风险成为影响软件成功的问题之前，识别并着手处理风险的过程。风险管理的目标在于提高项目积极事件的概率和影响，降低项目消极事件的概率和影响。

风险管理包括六个基本过程：风险规划、风险识别、风险定性评估、风险定量评估、风险应对规划、风险监控。

以某大学 R 日语 12 级学生的上课风险为例说明风险管理，如表 9-1 所示。

表 9-1　某大学 R 日语 12 级学生的上课风险

风险事件	风险识别	风险发生的概率	风险造成的后果	风险控制
上课迟到	平时分减少	中	低	早点起床
点名三次不到	取消考试资格	中	高	提交假条
考试作弊	没有毕业证	高	高	坚决不要作弊

9.2　风险识别

风险识别就是弄清哪些潜在事件会对项目有害或有益的过程。及早识别出潜在风险至关重要，但是还必须在不断变化的项目环境下持续地进行风险识别。

风险识别的输入分为三种类型：项目的控制属性、项目不确定性和已知事件。

风险识别的方法主要有以下五种。

1. 风险检查列表

风险检查列表是风险识别的重要工具之一，它能为识别风险提供系统的方法。检查表主要是根据风险的分类和每类包含的要素来进行编写的。各个公司可以根据自己的公司和项目的实际情况来编写自身的风险检查列表，或者参考一些有名的风险检查表来进行裁剪以适应项目的需要。

常见的软件风险如下：

（1）技术风险。技术风险主要体现在影响软件生产率的各种要素上。

① 需求识别不完备。

② 客户对需求缺乏认同。

③ 客户不断变化的需求。

④ 缺少有效的需求变更管理过程。

⑤ 需求没有优先级。

⑥ 识别需求中客户参与不够。

⑦ 设计质量较低，重复性返工。

⑧ 过高估计了新技术对生产效率的影响。

⑨ 重用模块的测试工作估计不够。

⑩ 采用的开发平台不符合企业实际情况。

(2) 管理风险。

① 项目目标不明确。

② 项目计划和任务识别不完善。

③ 项目组织结构降低生产效率。

④ 缺乏项目管理规范。

⑤ 团队沟通不协调。

⑥ 相关干系人对项目期望过高。

⑦ 项目团队和相关组织关系处理不妥当。

(3) 过程风险。

① 项目开发环境准备工作不够。

② 项目模块划分依赖性过高。

③ 项目规模估计有误。

④ 项目过程管理不够。

(4) 人员风险。

① 人员素质低下。

② 缺乏足够的培训。

③ 开发人员和管理人员关系不佳。

④ 缺乏有效的激励措施。

⑤ 缺乏项目急需技能的人员。

⑥ 团队成员因为沟通导致重复返工。

2. 信息收集技术

信息搜集技术包括头脑风暴法、德尔菲方法、访谈、优势、弱点、机会与威胁分析(SWOT分析，态势分析)等。

3. 核对表分析

核对表一般根据风险要素编写，包括项目的环境，其他过程的输出，项目产品或技术资料，以及内部因素如团队成员的技能。

4. 假设分析

每个项目都是根据一套假定、设想或者假设进行构思与制定的。假设分析是检验假设有效性的一种技术，可以辨认不精确、不一致、不完整的假设对项目所造成的风险。

5. 图解技术

图解技术包括因果图、系统流程图和影响图。

风险识别的输出是：风险管理表，如表 9-2 所示。

风险主要包括风险因素和风险事件两个方面。

(1) 风险因素。风险因素是指一系列可能影响项目向好或坏的方向发展的风险事件的总和，这些因素是复杂的。它们应包括所有已识别的条目，而不论频率、发生之可能性、盈利或损失的数量等。在软件项目中，一般风险因素包括：需求的变化；设计错误、疏漏和理解错误；狭义定义或理解角色和责任；不充分估计的工作量和不胜任的技术人员、供应商因素、硬件/软件因素、环境因素等。

对风险因素的描述应包括由一个因素产生的风险事件发生的可能性、可能的结果范围、预期发生的时间、一个风险因素所产生的风险事件的发生频率。

（2）风险事件。潜在的风险事件是指如自然灾害或团队特殊人员出走等能影响项目的不连续事件。在发生这种事件或重大损失的可能相对巨大时，除风险因素外还应将潜在风险事件考虑在内。

触发器。风险征兆有时也称触发器，是一种实际风险事件的间接显示。比如，丧失士气可能是计划被搁置的警告，而运作早期即产生成本超支可能又是评估粗糙的表现。

表 9-2　风险识别输出简单示例

风险类别	风险根源	条　件	结　果	后　果
技术	技术更新	开发人员使用新技术	由于开发人员要学习新技术，所以开发时间延期	产品投入市场晚，损失市场份额
人员	组织结构	按北京和上海划分团队	团队成员之间沟通困难	额外的返工拖延了产品交付时间

9.3　风 险 分 析

风险分析就是对识别出的风险做进一步分析，对风险发生的概率进行估计和评价，对风险后果的严重程度进行估计和评价，对风险影响范围进行估计和评价，以及对于风险发生时间进行估计和评价。

风险评估的方法包括定性风险分析和定量风险分析。

9.3.1　定性风险分析

定性风险分析是对风险概率和影响进行评估和汇总，进而对风险进行排序，以便随后进一步分析或行动。

因为风险的概率介于 0 和 1 之间，所以采用定性的方法可以把风险概率归纳为“非常低、低、中等、高和非常高”五类，或者更简单地归纳为“高、中、低”三类。

对于风险的影响，也就是风险对项目造成的后果，按照严重性，也可以归纳为“非常低、低、中等、高和非常高”五类，或“高、中、低”三类，或者“可忽略的、轻微的、严重的、灾难性的”四类。

确定了风险的概率和影响后，风险分析的最后一步就是确定风险的综合影响结果，它是根据对风险概率和影响的评估得出的，可以将上述两个因素按照等级编制成为矩阵，以形成风险概率影响矩阵。表 9-3 是把风险概率按照五个等级来划分，风险影响按照四个等级来划分而形成的，从而把风险的综合结果分成了四类。表 9-4 是把风险概率按照三个等级来划分，风险影响也按照三个等级来划分，从而把风险的综合结果也分成了五类，也定性定义为“很高、高、中、低和很低”，分别用字母“A、B、C、D、E”表示。

根据风险概率影响矩阵可以进行风险优先级排序，表 9-5 是定性分析风险优先级示例表。

表 9-3 风险概率影响矩阵 1

影响＼概率	非常高	高	中等	低	很低
灾难性的	高	高	中等	中等	低
严重的	高	高	中等	低	无
轻微的	中等	中等	低	无	无
可忽略的	中等	低	低	无	无

表 9-4 风险概率影响矩阵 2

影响＼概率	高	中等	低
高	A	B	C
中	B	C	D
低	C	D	E

表 9-5 定性分析风险优先级示例表

优 先 级	风 险 描 述	概 率	损 失	综 合 结 果
1	购买的硬件不能够及时到位	高	高	很高
2	调研的性能需求不完善	高	高	很高
3	团队成员来自不同区域，沟通不畅	高	中	高
4	关键技术人员的流失	中	中	中

9.3.2 定量风险分析

定量风险分析是就识别的风险对项目总体目标的影响进行定量分析，考虑三个因素：概率、影响和综合结果。定量分析中最常用的方法就是计算风险暴露量，该指标是进行风险优先级排序的重要依据。

风险暴露量=风险的概率×风险的损失

风险概率就是给出介于 0 和 1 之间准确的概率值。对于风险的影响，可以根据项目的目标采用不同的单位，比如把风险影响折算成对项目时间的影响，给出确定的对时间影响的数值，也可以把风险折算成对成本的影响，给出确定的损失金额等。如表 9-6 所示为风险分析示例表，如果一个项目中就包含这四个风险，从而可以看出项目总体的风险概率是 5%～50%，对项目时间影响的最大值可能是推迟 5.95 周。

表 9-6 风险分析示例表

风 险	发生的概率	损失的大小/周	风险暴露量/周
计划过于乐观	50%	5	2.5
增加自动更新的需求	5%	20	1.0
设计欠佳，返工	15%	15	2.25
设备不能及时到位	10%	2	0.2
合计	5%～50%		5.95

9.4　风险规划

风险规划是指为项目目标增加实现机会，减少失败威胁而制定方案，决定应采取对策的过程。风险应对规划过程在定性风险分析和定量风险分析之后进行，包括确认与指派相关个人或多人，对已得到认可并有资金支持的风险应对措施担负起职责。风险应对规划过程根据风险的优先级水平处理风险，在需要时，将在预算、进度计划和项目管理计划中加入资源和活动。

9.5　风险控制

风险监控是在整个项目生命周期中，跟踪已识别的风险、检测残余风险、识别新风险和实施风险应对计划，并对其有效性进行评估。

风险监控这一步主要完成以下工作：不断跟踪风险发展变化；不断识别新的风险；不断分析风险的产生概率；不断整理风险表；不断规避优先级别最高的风险。

9.6　风险规避

风险规避意味着将风险最小化或者尽量避免风险带来的影响。风险规避通常是与寻找风险发生时可能的替代方案联系在一起的。在表 9-7 中对风险进行了分类，并且列出了与每一种风险相对应的表现特征以及规避方案。

表 9-7　通常的风险分类、风险、特征以及规避方案

风险分类	风险	特征	规避方案
与人员相关的	1. 人员流失 2. 能否获得特定的技能	1. 超过平均水平的人员流失率 2. 特定项目组中的人员流失 3. 缺乏广告宣传相应人才 4. 需要很长时间才能找到合适的人来填补空缺	1. 对员工采用更友好的人力资源政策 2. 采取主动的措施以便留住人员 3. 让更多的人都掌握有关的技术，以便降低对特定人员的依赖程度 4. 文档化有关过程 5. 使个人的目标与公司目标保持一致 6. 更好的待遇 7. 在签订项目之前就确定所需的技能 8. 加大培训方面的投入 9. 用股票留住有关方面的专才
与需求稳定性相关的	需求频繁变动	1. 工作计划经常变动 2. 最终工作的结果与计划中所预期的相差甚远	1. 进行专门的合同评审 2. 定义出良好的变更控制机制 3. 严格执行配置管理 4. 使用原型不断获得反馈 5. 良好的客户关系

续表

风险分类	风险	特征	规避方案
与进度压力相关的	项目的变化	1. 过度的压力使得员工们不得不长时间超时工作 2. 项目开发过程中以及在里程碑处发生了变化 3. 产品中的缺陷不断增加	1. 在进行变化之前先看一下以往的有关记录 2. 在进行变化之前参考专家的意见 3. 通过软件重用降低返工的代价 4. 事先对有关细节加以试验
设备的老化与故障	硬件设备无法为项目提供足够的支持	1. 反应时间过长 2. 特定组建的启动时间变长	提供预算以便购买比最初计划中所要求的设备功能更强大的设备

第10章　软件项目采购管理

采购，就是从外界获得产品和服务。采购的目的是从外部得到技术和技能，降低组织的固定和经营性成本，把组织的注意力放在核心领域，提供经营的灵活性，降低和转移风险等。

组织和项目组不可能完成项目所需要的所有产品和服务，例如，软件项目组在一个综合系统建设中，需要采购主机、网络等硬件设备，需要操作系统、数据库、中间件等第三方厂家产品的支持，可能还需要购买这些厂家的安装、调试、技术支持和培训服务等。对这类产品和服务的外购，称为设备/服务采购，其提供者称为供应商。

即使是应用系统软件，也并不一定全部是自己开发的，有些平台、工具、构件甚至包括一些子系统，可能委托另一家子承包商进行开发。子承包商提供产品或服务，也可能子承包商的开发人员，完全与项目团队一起工作。这类采购我们称为软件分包，相应产品和服务的提供方为软件分包商。

项目采购管理是为了达到项目范围从执行组织外部获得货物和服务所需的过程。包括采购计划、编制询价计划、询价、卖方选择、合同管理、合同收尾。

10.1　采购规划

采购规划是确定哪些项目需求可以通过从项目组织之外采购产品、服务或者成果，从而最好地满足某些项目需求，是项目团队在项目实施过程中可以自行满足的过程。它涉及是否需要采购、如何采购、采购什么、采购多少以及何时采购。

当项目从实施组织之外取得项目履行所需的产品、服务和成果时，每项产品或者服务都必须经历从采购规划到合同收尾的过程。

采购规划过程也包括考虑潜在卖方的过程，特别是买方希望对发包决策施加一定的影响或控制的情况下。同时，也应考虑由谁负责获得或持有法律、法规或组织政策要求的任何相关许可证或专业执照。

采购规划过程包括对每项自制或外购决策涉及的风险，及就风险缓解或风险转移给卖方而计划使用的合同类型进行审核。

在制定设备采购规划时必须掌握一定的有关采购物的各种信息，作为指定规划的依据，主要包括所需设备名称和数量的清单、最终能得到设备需要的时间、设备必需的设计、制造和验收等时间。

合理地把上述应当注意的事项与组织的采购经验相结合，就可以制定出一个最优的包括选货、订货、运货、验收检验等过程在内的程序与日程安排。

这种规划要由采购部门的负责人来制定。项目经理要检查计划是否能保证项目管理总目标的实现，特别是工期目标能否按时实现。项目中常常会因设备等资源供应周期不准而拖延项目完成的工期，如果早储存的话，则可能会增加项目的风险，也会增加项目成本。

10.2 询价与卖方选择

10.2.1 询价

询价可看成招标的过程，指的是从应征的卖方那里取得就如何满足项目需求的应答，如招标书和建议书。该过程的大部分工作实际由应征的卖方完成，买方通常无需支付任何直接费用。

询价的输入包括采购文件；询价的工具和技术包括投标人定义和刊登广告；询价的输出包括合格的卖方清单、采购文件包和建议书。

10.2.2 卖方选择

卖方选择过程指接受投标书或建议书，并根据评估标准选定一个或多个可接受的合格供应商。一般地，卖方选择除了成本或价格外，还有以下方面：

（1）价格可能是选择的首要因素，但如果卖方不能按时交货，则最低报价就不是最低成本价，而要加上因延误到货所增加的买方成本。

（2）建议书包括技术和商务两个部分，应分别评审。

（3）对关键产品，应有多个供应商。

（4）卖方选择的输入是建议书、评价标准、组织政策。

（5）卖方选择的工具和技术是合同谈判、加权系统、独立估算、筛选系统、卖方评级系统、专家谈判。

（6）卖方选择的输出是合同。

10.3 合同管理

买卖双方进行合同管理都是为了类似的目的，双方确保本身与对方都履行其合同义务，并确保自身的合法权利得到保障。合同管理是确保卖方的绩效符合合同要求和买方按照合同条款履约的过程。对使用多个产品、服务和成果供应商的大型项目来说，合同管理的关键方面是管理各供应商之间的接口。

合同管理包括在合同关系中应用恰当的项目管理过程，并把这些过程的成果综合到项目的综合管理中。涉及多个卖方和多种产品、服务或成果时，上述综合和协调将在多个层次上进行。

合同管理中还有财务管理部分，用以监督对卖方的付款，可确保合同中明确的支付条件得以遵循，并将卖方的实际绩效与向其支付的补偿具体联系起来。

合同管理与项目的综合管理最为密切，涉及承包商的领域有：

（1）项目实施计划。用以授权承包商在适当的时候进行工作。

（2）绩效报告。用以监控承包商的成本、进度和技术绩效。

（3）质量控制。用以检查和核实承包商产品的充分性。

（4）变更控制。用以保证变更能得到适当地批准并且保证所有应该知情的人员获知变更。

下面这些建议对确保足够的变更控制和良好的合同管理会有所帮助。

（1）对项目任何部分的变更，都需要由相同的人与批准该部分的最初计划时相同的方式进行评审、批准和验证。

（2）对任何变更的评估都应当包含一项影响分析。

（3）变更时必须以书面的形式记录下来。

（4）当购买复杂的信息系统时，项目经理及其团队必须保持密切参与，以确保新的系统能满足商业需求并在业务环境中能够运作。

（5）制定备选计划，以防新系统投入运行时没能按照计划工作。

（6）一些工具和技巧会对合同管理有所帮助，如正式的合同变更控制系统、买方主导的绩效评审、检查和审计、绩效报告、支付系统、索赔管理和记录管理系统等，都可用来支持合同管理。

10.4　结束合同

项目采购管理的最终过程是结束合同，或称合同终止。合同终止包括合同的完成和安排，以及任何遗留问题的处置。项目团队应当确保每个合同中要求的所有工作是否都正确并满意地完成了。他们也应当更新记录以反映最终的结果，并保存好信息以备将来使用。

合同终止需要的两种方法是：采购审计和一个记录管理系统。采购审计在合同终止时经常被用来识别整个采购过程中学到的经验教训。组织应当努力改进所有的业务过程，包括采购管理。在理想的情况下，所有的采购工作都可以通过买方和卖方的协商终止。如果协商不能解决，还可使用其他可供选择的争议解决方式，如调解和仲裁。如果所有的方法都不起作用，可向法庭起诉解决争议。记录系统能让组织寻找以及保护采购相关文件变得容易起来。它经常是一个自动化系统，或者至少是部分自动化的，因此能包含大量与项目采购相关的信息。

合同终止的输出包括终结的合同和组织过程资产的更新。买方组织经常为卖方提供合同完成的正式书面通知。合同本身应当包括正式接受和终止的要求。

第11章 案例解析

11.1 某加工车间智能调度系统项目

随着世界市场和生产的迅速发展，制造业进入以高科技为主导的知识经济阶段，这种依靠高科技发展和提高生产水平的要求加速了其全球性竞争。在全球化市场竞争下，如何通过低成本、高质量、快速度和用户满意的服务来提高企业综合竞争力，从而适应产品需求的日益多样化要求，满足现阶段产品小批量生产比例变大、消费结构种类多及订单交货期要求短的特点，这些都是现阶段制造企业竞争成败的关键，因而，制造企业的生产管理水平显得尤为重要。调度管理对企业生产管理有着重要作用，是影响企业内部资源配置以及管理科学化的核心部分。而以往的车间调度系统都是针对单一的具体车间环境，要么加工要么装配，而且生产调度工作完全靠车间管理人员的经验来安排。这样，不仅效率低下，而且常常不能快速根据市场的变化有效、有组织地利用本企业的现有资源。基于这种现状本项目开发新的调度系统来解决车间调度问题，以促进企业中车间及生产管理的发展和各种生产资源的合理优化配置。

1. 项目简介

作为实例应用研究对象的某机车厂车间占地 16 789 m^2,其中,生产面积 14 352 m^2，辅助生产面积 1 465 m^2，现有在职员工 400 余人，主要产品包括内燃机车、城市轨道车辆等多种机车车辆配件产品，其中，某型号内燃机车加工车间负责生产万向轴的平衡块、突缘叉、防脱螺母、衬瓦以及转向架的减振器座、套管、吊杆、牵引杆等零部件的加工。车间全年生产能力可达 51 万工时。近年来厂部每年下达的生产任务量已远超过能力工时，虽然车间经过技术革新提高了加工效率，如转向架的生产周期从 15 天降到 10 天，柴油机机体的在制品占用量从原来的 50 台份减少到 45 台份；但随着生产批量的减少和生产品种的多元化，既定加工计划经常被修改，从而增大了车间生产管理的难度。

该车间现有 12 个作业中心、30 个装配载体和 88 道工序，包括转向架钳工班、热处理、小连杆班和加工班等。车间的生产订单陆续到达，每批次的加工零件交货期不同，属于离散式生产加工模式。研究分析发现该车间存在如下问题：

（1）虽然车间生产按照工件的优先级进行，但是当出现紧急插入工件或工件陆续到达的情况，车间生产可能被中断，从而降低了调度的稳定性。

（2）车间内的加工机器负荷不均衡。柔性加工允许零部件在有加工能力的机器中选择 1 台进行加工，但是如果生产调度计划一直不变，那么随着时间的推移会慢慢出现部分机器加工负荷过大，而另外部分机器闲置率较高的情况。

（3）该车间加工的平衡块、突缘叉、防脱螺母、减振器座和套管等零件都可以在多台机床上加工，并且加工时间因加工机器和操作人员的不同而不同，属于典型的柔性加工。如表 11-1 所示为是零部件信息表。

表 11-1　加工车间零部件信息表

工件编号	父工件编号	工件名称	工件编码	工序号	工序任务	单件工时/min	作业单位
1	无	万向轴	TF022000-88	10	组装	50	装配一
2	1	平衡块装配	TF022100-88	10	组装	20	装配一
3	1	突缘叉装配	TF022013/012-88	10	组装	20	装配一
4	1	滑动叉装配	TF022008/012-88	10	组装	20	装配一
5	1	花键轴叉装配	TF022011/012-88	10	组装	20	装配一
6	1	端盖	TF022007-88	10	组装	25	装配二
7	1	防脱螺母	TF022009-88	10	组装	15	装配一
8	1	衬瓦	TF022010-88	10	毛坯	0	加工二班
				20	粗车	8	加工二班
				30	铣口	18	加工三班
				40	精车	20	加工三班
				50	清整、对研、组焊	10	小连杆班
9	3	突缘叉	TF021006-88	10	毛坯	0	加工三班
				20	粗车	42	加工三班
				30	精车	40	加工三班
				40	划线	2	加工一班
				50	镗内侧面	52	加工二班
				60	镗斜面	42	加工二班
				70	铣底面	45	加工二班
				80	钻孔、倒角	25	加工一班
				90	清整、攻丝	20	小连杆班
10	4	滑动叉	TF021002-88	10	毛坯	0	加工一班
				20	粗车	40	加工二班
				30	划线(一)	8	加工一班
				40	镗铣内侧面	30	加工二班
				50	钻孔	2	加工一班
				60	镗孔	12	加工二班
				70	调质	35	热处理班
				80	精车	50	加工一班
				90	划线(二)	6	加工一班
				100	拉花键	55	加工九班
				110	磨工艺面	26	加工九班
				120	钻把对孔	20	加工一班
				130	清整、攻丝	24	小连杆班

续表

工件编号	父工件编号	工件名称	工件编码	工序号	工序任务	单件工时/min	作业单位
11	无	转向架总图	106Z000001	10	大组装	60	转向架钳工班
				20	转向架交验前整备	30	转向架钳工班
				30	检查交验	20	检查组
12	1	轴箱装配	106Z070001	10	组装	40	装配二
13	1	构架装配	106Z100001	10	组装	30	装配二
14	1	轮对装配	106Z300001	10	组装	25	装配二
15	1	电动机悬挂装配	106Z50000A	10	组装	20	装配二
16	1	基础制动装置	106Z600001	10	组装	45	装配二
17	1	端轴轴箱装配	TZ100000-91	10	组装	45	装配一
18	1	中间轴轴箱装配（一）	TZ101000-91	10	组装	30	装配一
19	1	支承装配	TZ041000-88	10	组装	20	装配一
20	1	牵引杆装配	TZ091000-88	10	组装	20	装配二
21	2	压盖	109Z040001	10	毛坯	0	加工三班
				20	粗、精车	6	加工三班
				30	钻孔	1	加工一班
22	2	轴箱拉杆装配	TZ024000-88	10	装配前清整	30	转向架钳工班
				20	拉杆装配	30	转向架钳工班
23	2	后盖	TZ100003-91	10	毛坯	0	加工四班
				20	粗车	2	加工四班
				30	车粗沟	1	加工三班
				40	车光沟	2	加工三班
24	3	减振器座	106Z100003	10	毛坯	0	加工二班
				20	铣底面	3	加工二班
				30	镗孔及两侧	4	加工二班
				40	钳工打磨	2	小连杆班
25	6	吊杆	TZ062000-88	10	装配前清整	10	转向架钳工班
				20	压装衬套	2	转向架钳工班
26	6	横拉杆	TZ063000-88	10	组焊	6	传动钳工班
				20	钻扩	2	传动钳工班

续表

工件编号	父工件编号	工件名称	工件编码	工序号	工序任务	单件工时/min	作业单位
27	7	油压减振器	SFK1-01-40-00	10	试验	25	转向架钳工班
				20	组装	15	转向架钳工班
28	8	压盖	TZ101002-91	10	毛坯	0	加工三班
				20	粗车	5	加工三班
				30	热处理	40	热处理班
				40	精车	10	加工三班
				50	钻孔	1	加工四班
				60	拉方孔	2	加工九班
				70	清整组装	10	转向架钳工班
29	10	牵引杆	TZ091300-88	10	毛坯	0	加工一班
				20	划线一	2	加工一班
				30	双人铣叉头	2	加工四班
				40	镗园弧	2	加工七班
				50	铣叉头内侧	2	加工七班
				60	划线二	2	加工一班
				70	钻铰叉头孔	1	加工一班
				80	镗端头孔	10	加工二班
				90	镗叉头孔	8	加工二班
				100	钳工打磨	3	小连杆班

以往车间调度系统只能适应某个具体车间环境，且只能得到时间最短，设备负荷平衡等一个目标评价标准的调度评价方案。另外，传统设计方法中各功能模块耦合性太强，没有将它们在不同车间环境下的共性分离出来，这使得其功能太专门化，缺乏普遍的适应性。本系统可根据任务、车间和调度目标的性质来优化调度目标。本项目需要设计的智能车间调度系统可以缩减原来的计划编制人员，而且计划编制更加合理、科学，不但可以提高设备的利用率和节约生产成本，而且能够提高企业的经济效益。该系统用于实际企业的信息化建设中，具有很强的工程意义并具有广泛的市场需求。

2. 系统业务流程

调度系统首先登记待生产的任务，并根据此任务信息制定任务计划书，从而产生生产计划；对生产计划进行计划拆解，根据拆解的计划，利用模型库中的资源信息、调度规则生成计划调度，并对调度记录进行性能评价，直到得到优异调度计划，并对其进行保存。图 11-1 为调度系统业务流程图，具体流程为：①生产计划被审核通过后，按照计划对生产任务进行优化排序；②将加工计划书和装配计划书分别下达到车间的加工班组和装配班组；③车间相应班组按照接收的任务计划安排工作；④根据调度规则对排队序列中工件进行优先级排序，并将结果抄送生产管理部门和物流管理部门；⑤对生产情况进行监督，一旦达到重调度周期或出现紧急事件，需要对已完成工件及未加工队列中工件进行统计，同时进行新的调度计划，并将结果保存到相应管理部门；⑥循环流程直至结束。

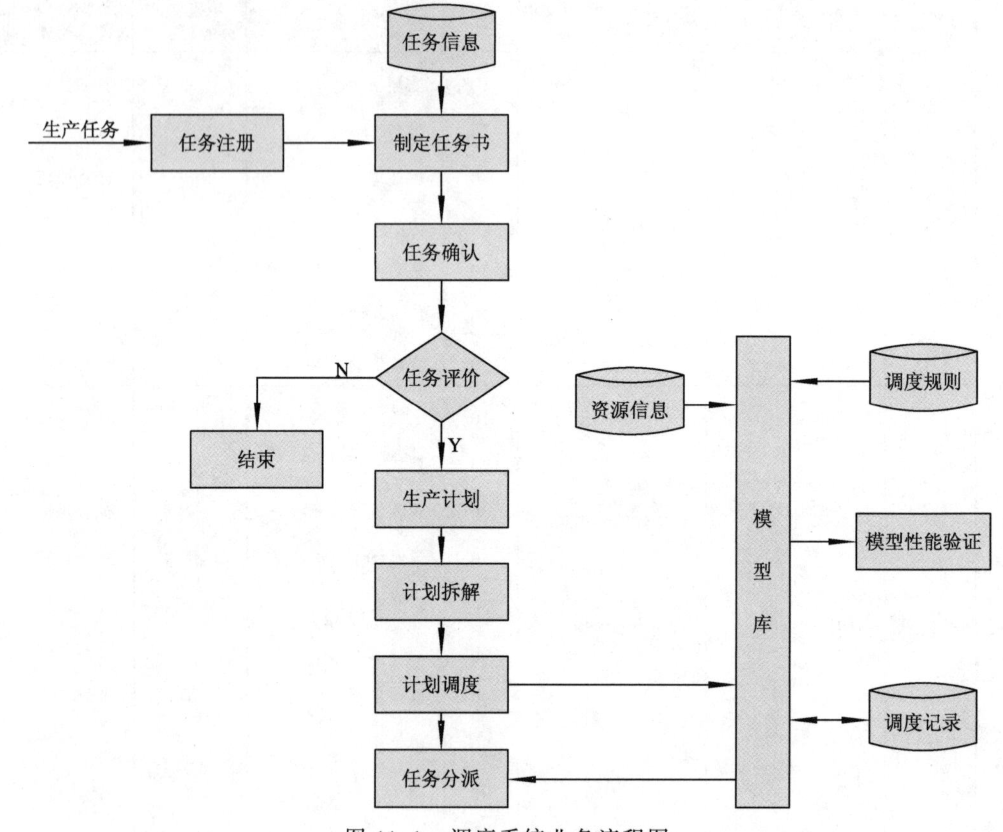

图 11-1　调度系统业务流程图

3．项目招标

根据本项目的特点，按照编制招标文件的要求，编制调度系统项目的招标文件。招标文件的主要内容包括：投标方须知、投标书及附件、协议书、投标保证金或保证书、合同条件、规定和规范、图样及设计资料附件和工作量表。

通过媒体将招标信息发布后，共有 8 家公司参加了投标。经过对投标者初评，选出 5 家公司作为候选，对这 5 家公司的资质情况和标函进行了进一步的审查。选择中标公司不能以报价高低做唯一标准，而是要根据标价、工期和各公司的资质进行综合分析，经过综合评估，最后选定 1 家公司中标。

4．合同管理

合同是整个项目开展的依据，也是对项目进行有效管理以及验收的标准。为此，在起草合同条款时要考虑全面，用词严谨，必须与总合同相吻合，以减少执行过程中因理解不同而发生争执。合同的主要内容应与标书内容一致。招标言论和条款、标函应作为合同的一个组成部分，可作适当修改。合同内容包括：项目内容、项目范围、方式、工期、价款、零部件物料供应顺序、签订合同双方各自的权利与义务、付款方式、工程质量保修期以及违约责任等。

乙方需缴纳履约保证金（通常为合同价值的 10%）。双方确认合同内容、签约，并备份项目合同副本。

5．项目的进度计划与控制

本项目利用计算机，使用项目管理集成系统软件辅助进行管理，大大减少了工作量，提高了工作效率。

在明确项目目标的基础上，对整个项目进行工作分解，确定所有可能包含的分项工程。项目的工作分解结构图（WBS）如图 11-2 所示。

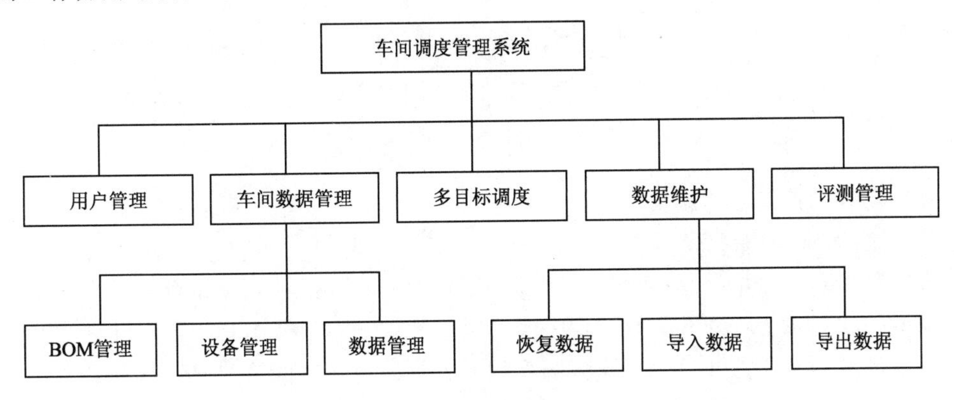

图 11-2　工作分解结构图

按照项目的要求及各约束条件，绘制项目进度计划的网络图、甘特图（图 11-3、图 11-4），同时确定各项资源计划，绘制资源负荷图和累计图。

实施阶段项目计划的控制分形象计划控制和数理进度控制两个方面，下面分别对这两个方面进行说明。

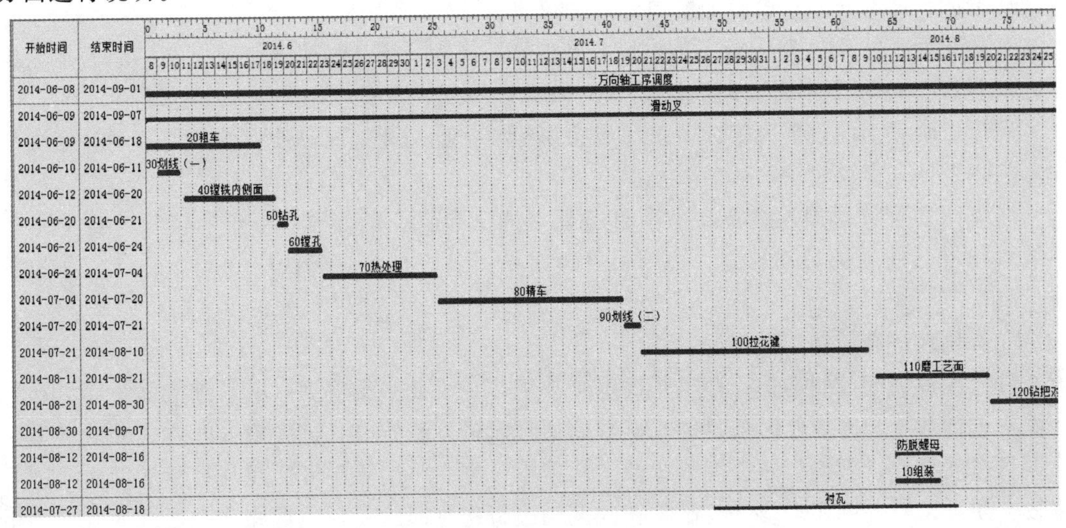

图 11-3　零件加工调度甘特图 1

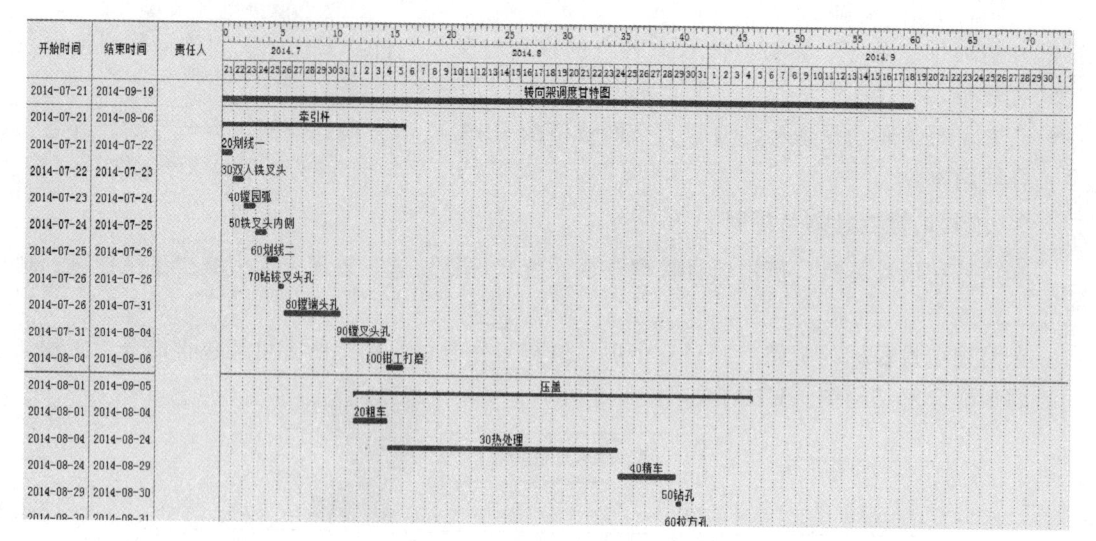

图 11-4　零件加工调度甘特图 2

（1）形象计划控制工作流程。

① 3 月滚动计划。

乙方项目经理根据项目总体计划及现场实际情况制定详细计划，每月初做出 3 月滚动计划，每月做一次，每次计划 3 个月，第一个月为实施计划，后两个月为预期计划。

3 月滚动计划是乙方开发公司应该遵循的总计划。每月初的第一次周计划会上由项目经理书面提出，交由各个开发小组讨论。对于不合理的地方，承包商可以在会上提出修改意见，最后由项目经理在会上作出决定。会后第二天由项目经理发送修改后的 3 月计划，这个滚动的 3 月计划各个开发小组必须严格执行。

② 3 周滚动计划。

各开发小组根据 3 月滚动计划，每周四必须编制好 3 周滚动计划，一式六份，参加由项目经理主持，所有开发小组参加的周计划会议。

3 周滚动计划每周排一次，每次排 4 周，第一周为上周计划完成情况，第二周为本周执行计划，第三周和第四周为预期计划。

周计划会议上的重要决定或争议写成会议纪要，此纪要连同修改后的 3 周滚动计划交每周六的高级计划会议讨论确认。

高级计划会议每周六举行，由项目经理主持，参会者是各项目小组的组长。会上由各小组宣读自己的 3 周滚动计划，由项目经理审核，各方把会议确认的 3 周滚动计划作为实施计划。

（2）数理进度控制工作流程。

进行数理进度控制的核心环节是进度统计工作，因此必须得到一些基础数据才可以利用计算机进行数理进度控制。项目的基础数据通过日进度报告、月进度报告的方式获取。主要根据月进度报告，做出实际进度曲线及实施施工计划。将实际进度曲线与目标进度曲线进行比较，便可以对进度实现动态控制。在此基础上，每月制作一张项目综合进度统计表，利用此表对实际进度进行分析，详细安排下月施工计划。

6．项目质量管理

为了在项目实施过程中开展全面质量管理，需要重视三方面的工作：

（1）质量管理。

把一切影响施工质量的因素和一些必要的制度及活动进行有效管理。根据合同规定："项目进度的申报是以合格的控制点为基础""总体实施计划中规定的目标进程必须按期完成""项目进度款的收取，则要根据每月完成进度值得百分比乘以合同总价，并扣除按比例的预付款保留量。"这就实现了将质量、进度和经济效益的明确化。

（2）质量保证。

为了减少层次、避免分工脱节、增强责任感，在承包的项目中实行分区分片的技术责任制，技术负责人除了主管承担项目的技术工作外，还要承担进度、统计、质量管理等责任。通过质量控制与技术监督的互相补充达到以提高质量为目的的质量保证系统，该系统隶属于项目经理领导。

（3）质量控制。

为了控制质量，提高控制点受检的一次合格率，把工序中的质量责任直接延伸到开发小组，从而加强班组的责任感。要使控制点顺利通过检查，必须严格按照图样、规范和说明书的要求，一丝不苟地工作、精心自检，准确记录数据作为认证的依据，并且充分发挥技术负责人的积极性，周密地思考、仔细地观察、做好事前预防。

在项目开展过程中，难免产生一些纠纷。按照国际惯例，口头通知或许诺不能作为处理纠纷的依据，必须以函件形式通知对方，为事实的演变取得法律依据。函件的格式分为两类，即正式函件和现场通知。

7．项目费用控制计划

项目进行中的一切活动都是以合同为依据的。为了保证达到合同总目标，必须确定项目控制（包括进度和质量控制）和费用控制两大管理目标，从而把履行的合同内容具体化、明确化，并在整个合同实施过程中，统一全体人员的意志和行动节奏，为实现这一目标共同努力。

合同中的商务条款、报价书、总体建设计划、根据本项目具体情况而编制的人力资源计划、物资采购计划以及承包项目的规定等，这些是编制费用控制计划的依据。为实现项目的经营目的，确定的费用控制目标必须要体现先进性、可行性、可靠性以及合理性。

编制的费用控制计划的分项应该与合同价格组成的分项基本一致，以便于分析比较。费用大体上由三部分组成：第一部分是直接费用，包括消耗材料及设备费、人工费等；第二部分是间接费用，包括差旅费、培训费、管理费、保险费以及纳税费；第三部分是其他费用，包括风险费、货币交易费和利润等。编制费用控制计划的同时也是对整个项目成本的一次预测，通过预测成本与合同价款的比较，对工程的经济效益做出进一步的评估；在费用控制计划的贯彻实施过程中，要求在保证质量的前提下，有效降低成本、控制费用开支，最大化经济效益。

本项目为实现费用控制的计划目标，在贯彻实施阶段建立了一些性质有效的管理制度，主要有以下几个方面：

① 费用计划管理制度。

② 采购专项报告制度。

③ 物资采购、回收管理办法。

④ 工资的支付办法。

⑤ 费用报销审批制度。

⑥ 费用结算制度。

⑦ 实物验收报销制度。

⑧ 差旅费报销及伙食标准。

⑨ 出国人员国际旅途费用包干制度。

11.2 某公司改扩建工程监理案例

11.2.1 乙方改扩建（一期）工程监理大纲目录

第一章 工程概况及编制依据
- 1.1 工程概况
- 1.2 工程建设特点
- 1.3 编制依据

第二章 监理的工作目标和时限
- 2.1 监理工作目标
- 2.2 监理工作时限

第三章 监理工作范围、依据和内容
- 3.1 监理工作范围
- 3.2 监理工作依据
- 3.3 监理工作内容

第四章 监理主要工作内容
- 4.1 工程项目监理工作总程序
- 4.2 施工准备阶段的监理工作
- 4.3 施工过程检查验收的监理工作
- 4.4 工程质量验收的监理工作
- 4.5 项目竣工验收阶段的监理工作
- 4.6 工程保修阶段的质量控制

第五章 组织协调的内容、手段和措施
- 5.1 组织协调管理的原则
- 5.2 工程监理组织协调概念和层次
- 5.3 项目监理机构组织协调的工作内容
- 5.4 建设工程监理组织协调主要方法
- 5.5 协调管理工作内容
- 5.6 协调管理职能

第六章 各级监理人员职责
- 6.1 项目总监理工程师的任务和职责
- 6.2 总监代表职责
- 6.3 专业监理工程师的职责与任务
- 6.4 监理员的职责与任务
- 6.5 各级监理人员签字权的规定

第七章 监理力量投入及专业配置

第八章 质量控制的内容、手段和措施
- 8.1 质量控制内容
- 8.2 质量控制原则
- 8.3 质量控制流程
- 8.4 质量控制主要手段
- 8.5 质量控制措施
- 8.6 本工程主要质量控制要点及监理措施
- 8.7 本工程主要试验与检验项目与内容
- 8.8 监理部现场管理办法
- 8.9 本工程主要旁站、见证取样范围和内容

第九章 本工程拟投入的检测仪器和工具
- 9.1 拟投入的测量仪器和工具
- 9.2 拟投入的办公设备

第十章 进度控制的内容、手段和措施
- 10.1 进度控制内容
- 10.2 进度控制原则
- 10.3 进度控制工作流程
- 10.4 进度控制的主要工作手段
- 10.5 进度控制措施
- 10.6 进度控制的具体方法
- 10.7 本工程进度控制特点及相应监理对策

第十一章 投资控制的内容、手段和措施
- 11.1 投资控制内容
- 11.2 投资控制原则
- 11.3 投资控制工作流程
- 11.4 投资控制的主要工作手段
- 11.5 投资控制措施
- 11.6 本工程投资（造价）控制的监理对策

第十二章 合同及信息管理的内容、手段和措施
- 12.1 合同信息管理内容
- 12.2 合同信息管理原则
- 12.3 合同信息管理主要工作手段
- 12.4 合同信息管理措施
- 12.5 监理资料日常管理及归档目录

11.2.2　资信业绩及能力监理评标索引

主要评分项目		分项评分标准	对招标文件的响应	对应页码
资信业绩及能力 1～8 分	1	企业信用报告评分	AAA 级	附件一
	2	拟派总监到位率：80%　1 分 60%　0.5 分 低于 60%　不得分	拟派总监 到位率 80%以上	P1-7 或 P3-1
	3	拟派总监代表专业为工民建类专业并取得高级技术职称　得 2 分 取得中级技术职称且专业为工民建专业的　得 1 分	拟派总监代表 高级工程师 全国注册监理工程师 专业为房屋建筑工程	P3-6 后附扫描件部分
	4	项目总监具有完成过建筑面积 50000 平方米及以上学校的监理项目业绩， 一个得 1 分 最高分 4 分 (同一项目只计一个)		P3-5 后附合同、单项竣工备案表复印件
商务标 45 分	1	招标文件规定的投标价下限为最佳报价值	监理费报价：180 万元	P5-1 P5-2

11.2.3　乙方改扩建工程监理大纲评标索引

主要评分项目		分项评分标准	对招标文件的响应	对应页码
监理大纲 14-45 分	1	监理大纲内容是否全面（1.5~4.5 分） 一般得　1.5 分 较好得　3 分 细致详尽得　4.5 分	监理大纲	P4-1~4-417
	2	监理大纲中对相关协调管理职能是否明确（1.5～4.5 分） 一般得　1.5 分 较好得　3 分 细致详尽得　4.5 分	相关协调管理职能的明确	P4-20~4-31
	3	项目监理、总监代表、监理工程师、监理员的权利和责任是否明确（1.5~4.5 分） 一般得　1.5 分 较好得　3 分 细致详尽得　4.5 分	项目监理、总监代表、监理工程师、监理员的权利和责任的明确	P4-32~4-40
	4	监理力量的投入是否能满足工程的需要（2~4 分） 基本分 2 分，驻地监理员，50%及以上具有中级(含中级)以上职称且具有省监理工程师证及以上资格的加　2.0 分	驻地监理人员 73.3%具中级(含中级)以上职称且具有省监理工程师证及以上资格	P4-41 或 P3-1
	5	监理人员专业配置是否符合工程需求（0~6 分） 派驻监理人员中，专业配备（土建、给排水、强电、弱电、造价、暖通、绿化、安全）有一项加　0.75 分	派驻本工程监理人员共 15 人，土建 6 人；给排水 1 人；暖通 1 人；强电 1 人；弱电 1 人；专职造价人员 2 人；绿化 1 人；安全 1 人；安装 1 人	P3-1~3-15 及 P4-41

续表

主要评分项目		分项评分标准	对招标文件的响应	对应页码
监理大纲 14-45 分	6	质量控制的保证措施手段是否科学、可靠（1.5~4.5 分） 一般得 1.5 分 较好得 3 分 细致详尽得 4.5 分	质量控制的保证措施手段是否科学性、可靠性	P4-42~4-87
	7	检测仪器和工具是否能满足工程要求（1.5~4.5 分） 一般得 1.5 分 较完整得 3 分 很完整的得 4.5 分	仪器和工具满足对工程的要求	P4-88~4-90
	8	施工进度控制手段是否细致详尽,投资控制方法是否（1.5~5 分） 一般得 1.5 分 较好得 3 分 细致详尽得 5 分	施工进度控制手段的细致、详尽性	P4-91~4-109
	9	现场安全、文明施工的管理措施是否全面（1.5~3 分） 一般得 1.5 分 细致详尽得 3 分	现场安全、文明施工的管理措施全面性	P4-126~4-146
	10	对工程施工的难点、要点和关键部分是否阐明及监理事实意见的可行性（1.5~4.5 分） 一般得 1.5 分 较好得 3 分 细致详尽得 4.5 分	对工程施工的难点、要点和关键部分是否阐明及监理事实意见	P4-158~4-417

11.3 投标书及条件

11.3.1 法定代表人资格证明书

单位名称：**乙方公司**

地址：****市**区**街**号**

姓名：　　　性别：　　　年龄：　　　职务：**董事长**

系 **乙方公司** 的法定代表人。为委托监理的工程，签署投标文件，进行合同谈判、签署合同和处理与之有关的一切事务。

特此证明。

投标人：**公司

日期： 二〇一五年十一月二十二日

11.3.2　授权委托书

甲方公司：

我以**乙方公司**法定代表人身份授权　　　　　　　　　　　为我单位的全权代表，以我单位的名义签署**乙方改扩建（一期）工程监理**的投标书及其它文件，参加开标、澄清、商签合同以及处理与之有关的其它事务，我单位均予承认。

投标单位（章）

法定代表人（签字或盖章）

电话：

二〇一五年十一月二十二日

11.3.3　乙方改扩建工程监理投标书

致：乙方公司：

1. 我方已全面阅读和研究贵方的招标编号为******的**乙方改扩建（一期）工程监理**招标文件和招标补充文件，并经过对施工现场的踏勘，澄清疑问，已充分理解并掌握了本工程招标的全部有关情况。同意接受招标文件的全部内容和条件，并按此确定本工程监理投标的全部内容，以本投标书向你方发包的全部内容进行投标。监理费报价为**人民币肆拾万零伍佰贰拾元整（40.052 万元整）**。负责本工程的总监是　　　　　　　　　　**(身份证号：**　　　　　　　)、监理人数为　**5**　人，监理服务期为**自合同签订后至项目竣工验收实行全过程监理。**

2. 我方将严格按照有关建设工程招标投标法规及招标文件和规定参加投标，并理解贵方不一定接受最低标价的投标，对决标结果也没有解释义务。

3. 如由我方中标，在接到你方发出的中标通知书后在规定的时间内，按中标通知书、招标文件和本投标书的约定与你方签订监理合同，并递交招标文件中规定金额的履约保证金或银行保函，履行规定的一切责任和义务。

4. 我方承认该投标书格式为投标书的组成部分。

5. 本投标书自递交你方之日起 **90 天**内有效,在此有效期内，全部条款内容对我方具有约束力。如中标，本投标书将成为监理合同文件组成部分。

投标单位（章）　　　　　　　　　　法定代表或授权代表：（签字或盖章）

联系人：　　　　　　　　　　　　　联系地址：

联系电话：　　　　　　　　　　　　邮政编码：

开户银行：*******支行**　　　　　　　　　帐号：

二〇一五年十一月二十二日

11.3.4 强制性资格条件表

序号	强制性资格条件	投标人对能达到程度的简述（投标人填写）	证明资料(复印件、原件备查)
一	**企业资质要求**		
1	具有建设行政主管部门核发的综合资质或具有房屋建筑工程专业甲级资质的工程监理企业。	我公司成立于 2005 年 8 月，具有房屋建筑工程甲级资质及市政甲级资质	营业执照、资质证书
二	**项目总监的要求**		
1	拟派项目总监应具有国家注册监理工程师执业证书资质，注册证书上的注册专业为房屋建筑专业，具有高级工程师职称。	我公司派驻**乙方改扩建（一期）**工程的项目总监为高级工程师，全国注册监理工程师同志。注册证书上的注册专业为房屋建筑专业	职称证书、全国注册监理工程师岗位证书及执业资格证书

投标单位（章）

法定代表人（签字或盖章）

电话:

二〇一五年十一月二十二日

11.3.5　投标人一般情况表

监理人	甲方公司		法定代表人		
注册地址			邮政编码		
注册时间		电话		传真	
资质			营业执照		
经理					
职工人数	总人数： 专业监理工程师人数：		总监理工程师人数： 管理人数：		
主要业绩	详见本标书第二部分：企业所获荣誉、工程获奖情况				
	组织机构图（包括机构、领导成员、主要技术人员数量等情况） 总经理 董事长 副总经理　副总经理　副总经理 办公室　财务部　经营部　总师办　总师 监理部一　…　监理部五 项目部一　…　项目部N				

11.4 商 务 标

11.4.1 费用报价说明

有关监理取费，综上情况我们决不会通过压价、提供低智能服务，减少监理人员和降低服务手段来取得中标，而是根据该项工程的实际情况进行综合分析测算后提出我们的监理费报价。

在监理费用报价上，我们主要考虑在保证监理工作质量的前提下，对工程质量负责，对建设单位负责。在社会效益的基础上，适当考虑企业的经济效益，以我们的诚意为贵方的工程作出贡献，创出企业牌子，从而提高企业的社会信誉。

按贵方提供的***改扩建（一期）工程概况，**该工程的本次招标工程概算为 2 200 万元，本工程施工监理服务收费为人民币 40.052 万元**，针对本工程的特点及结合我公司的实际情况，为表示诚意和与贵方合作的愿望，我们在确保管理成本（人员工资和行政分摊）、各种税金及管理费的基础上，尽我们所能给予优惠，决定监理酬金取费为:

10799.88×（1-20%）=186.0655 万元

监理费取 RMB￥1,860,655（壹佰捌拾陆万零陆佰伍拾伍元整）

(测算依据详见监理费报价分析汇总表)

我公司真诚希望与***公司携手合作，并在给贵方提供优良服务的同时保持我公司的良好信誉和企业形象，为贵方的建设多作贡献。

11.4.2 监理费报价分析汇总表

序号	费用名称	单位	计算依据	单位/元	数量	合价/元
1	人员工资（含福利及五金一险）	元/月	按常驻人员计	50000	27 月	1,350,000
2	办公费	元/月	按公司平均计	2000	27 月	54,000
3	劳保用品	元/月	按公司平均计	2000	27 月	54,000
4	资料费	元/月	按公司平均计	2000	27 月	54,000
5	通讯	元/月	按公司平均计	1000	27 月	27,000
6	交通费	元/月	按常驻人员计	1000	27 月	27,000
7	设备仪器使用	元	按监理费用 1%			约 18,000
8	小计					1,584,000
9	公司管理费	元	(8)×10%			约 158,400
10	利润	元	(8)×10%			约 158,400
11	上交税费	元	(8+9+10+11)×6.5%			约 130,000
合 计/元		2,030,800 元（203.08 万元）				
监理费合计/元		人民币贰佰零叁万零捌佰元整				

<table>
<tr><td>降价后最终报价大写(元)</td><td>人民币壹佰捌拾陆万零陆佰伍拾伍元整（186.0655 万元整）
(结转至投标函)</td></tr>
<tr><td colspan="2">报价依据及监理服务费浮动说明：
1、我方考虑到承接该工程监理工作的诚意及为***改扩建（一期）工程的建设作出我们的贡献，故监理费用在分析汇总的基础上，尽我方所能再给予优惠。
2、监理服务期按招标文件要求，缺陷责任期 24 个月，保修服务期 24 个月，在工程质量保修期内，监理单位应承担相应的义务和责任。前期阶段、工程结算及决算审计期间均提供免费的服务。本工程建设计划总工期为 350 日历天。
3、本工程监理费最终报价 40.052 万元除合同条款另有规定外，为一次性包干,不再进行调整。
投标单位:　　　　　　　　　　　　法定代表人（签字）：
二〇一五年十一月二十二日</td></tr>
</table>

第12章　乙方投标书

拟派项目总监理工程师在监理项目符合国家规定承诺书：

序号	在投或在建项目	
	甲级	乙（丙）级

我方深知《中华人民共和国招标投标法》第五十四条的内容，以上承诺内容如有虚假，愿意接受被没收投标保证金的处罚，给招标人造成损失的，愿意依法承担赔偿责任。如已中标的，愿意自动放弃中标资格。

特此承诺！

投标人　　　　　（盖章）：

项目总监理工程师：　　　　　（盖执业印章）

法定代表人或委托代理人　　　　　（签字）：

日 期：二零一五年 十一月 二十二日

总监及驻现场各监理人员的到位率承诺书：

如中标，参与 乙方改扩建（一期）工程 的施工监理，我公司将按投标文件中的监理班子到位并保证项目总监到位率在 80%以上，即每月不少于 24 日历天。保证监理项目班子人员到位率在 100 %，即每月不少于 30 日历天。 如违反此承诺，愿按合同有关规定接受处罚。 投标单位名称　　　　　（盖章）： 法定代表人或委托代理人　　　　　　　（签字）： 日期：二零一四年 十二月 二十二日

12.1　控制工程的主要手段和措施

12.1.1　监理控制目标

本工程监理的实施将通过合同管理、信息管理、目标规划及分解，采用一系列组织措施、技术措施、经济措施、合同措施等手段进行动态管理，使项目预定的质量目标、进度目标、投资目标得以实现。根据建设单位对本工程预先拟定的目标，我们确定监理工作的控制目标为：

（1）质量控制目标，同施工中标质量合同。

（2）进度控制目标，确保工程施工按施工合同工期和经审定的施工组织进度的安排完成。

（3）投资控制目标，按建设单位投资的意图和施工招投标的造价进行投资目标控制。

（4）安全文明目标，争取达到“临安市双标化工地”，争取零伤亡。

（5）合同管理目标，依据有关法律法规及合同条款妥善处理合同问题。

（6）信息管理目标，详实有效、准确及时。

（7）组织协调目标，建立良好的沟通渠道，力争处理好工程各参建方的关系。

12.1.2 质量控制的保证措施和手段

1. 监理质量控制流程图（见图 12-1）

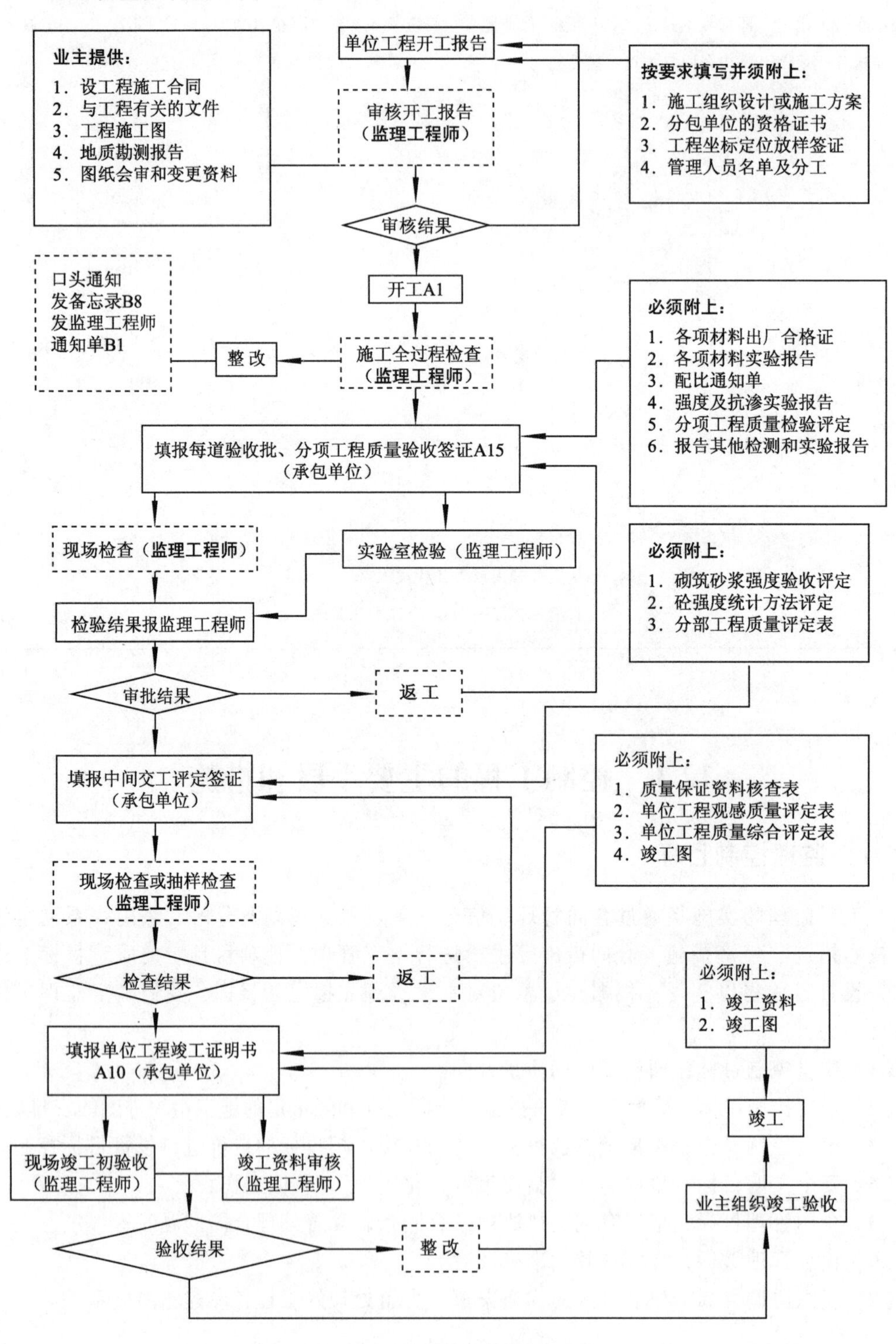

图 12-1 监理质量控制流程图

2. 原材料质量控制的措施和手段

（1）原材料质量控制的监理工作内容。

按照国家、省部委及相关地市的相关规范、规程和规定，并结合工程施工的特点，原材料质量控制的内容可分为：

① 材料供应商的选择，材料供应体系的建立。

② 施工单位的材料供应计划。

③ 原材料的采购过程控制。

④ 材料进场的控制。

⑤ 试验室资质审查。

⑥ 不合格材料的处置。

（2）原材料质量控制的监理工作原则。

材料（包括原材料、成品、半成品、构配件）是工程施工的物质条件，材料质量是工程质量的基础，材料质量不符合要求，工程质量也就不可能符合标准。所以，加强材料的质量控制是提高工程质量的重要保证。由于原材料在整个工程中的特殊性，一旦有不合格的材料用于工程，轻则返工，给业主和施工单位的人力、物力、财力造成不必要的浪费，同时也延误工期。重则造成质量隐患。

为此，原材料质量控制应坚持“预防为主、严格过程控制”的原则。遵照国家规范，凡进场的材料必须三证齐全，用于重要部位的材料必须送具备相应资质的第三方检测单位进行检测，合格后方可投入使用。对于证件不齐全或复试不合格的材料坚决不予进场、不予使用。

（3）原材料质量控制的监理工作手段。

工程材料的质量好坏，直接影响着整个建筑物质量等级、结构安全、外部造型和建成后的使用功能等。在实际工作中做好原材料的质量控制是项目监理工作中一个至关重要的内容。

① 建立健全质量保证体系，加强合同管理。

由于工程材料的质量低劣造成的工程质量事故和损失往往是非常严重并难以弥补和修复的。因此，工程中必须尽力避免发生此类问题，防患于未然。在材料的质量监理中，首先要求施工单位建立健全质量保证体系，使施工企业在人员配备、组织管理、检测程序、方法、手段等各个环节上加强管理。同时在施工承包合同和监理委托合同中要明确对材料的质量要求和技术标准，并明确监理方在材料监理方面的责任、权限以及建设单位的要求。在监理委托合同中有关材料监理的内容是相似的，即：监理方有权对材料进行必要的抽检，施工单位要在监理方的监督下，同时取样和试（化）验工作，监理方负责提供准确、可靠的检验结果，当监理方的检验结果如与施工单位的试验结果不相一致时，以监理方所提供的检验结果作为标准。在项目实施过程中，严格按合同办事，加强合同管理，以合同为依据，始终坚持施工单位自检和监理方独立抽、复检相结合。以施工单位自检为主，以监理方的复检作为评定自检结果的标准。同时还坚持目测和检测相结合，抽检和监测相结合，直接控制和间接控制相结合。改变过去只有施工单位自检为准，而没有第三方监督管理的状况。这样可以防止不合格的材料用于工程，保证了工程建设质量。

② 明确材料监理程序，制定材料监理细则。

在工程项目实施监理的过程中要使参建各方明确监理工作的性质、方法以及监理工作程序。具体做法就是针对本工程实际情况，制定详细的材料监理规划和细则，明确材料监理程序。

在材料监理细则中，明确材料监理工程师的职责、工作方法、步骤、手段以及对材料的质量要求和保证质量应采取的措施等。在材料监理过程中，监理工程师则严格按材料监理规划、细则开展工作，使材料监理工作逐步走向正规化的轨道。

③ 审核施工单位材料计划。

如果我单位中标，在监理部进场开展工作后，首先要了解施工单位的材料总体计划，并审核其是否满足施工总进度的要求，对发现的问题提出改进建议，使材料总体计划与施工进度相一致。在此基础上，每月 25 日前，要求施工单位应向监理方提交下月的材料进场计划，包括进货品种、数量、生产厂家等。材料监理工程师根据工程月进度计划予以审核，使材料进场计划符合工程进度要求。

④ 材料采购的质量监理。

由于建筑材料市场供求关系变化较大，个别特殊建材供不应求，有可能出现以次充好的现象。因此，凡是对计划进场的材料，监理方都要会同施工单位对其生产厂家资质及质量保证措施予以审核，并对订购的产品样品要求其提供质保书，根据质保书所列项目对其样品质量进行再检验。样品不符合规范、标准的，不能订购其产品。

3．质量控制——事前控制的措施和手段（见图 12-2）

（1）事前控制的监理工作内容。

① 核查承包单位的质量保证和质量管理体系。

② 审查分包单位的资格，签发《分包单位资格报审表》。

③ 查验承包单位的测量放线，签认承包单位的《施工测量放线报验单》。

④ 检查材料的保证资料，签认工程中使用材料的报验。

⑤ 签认工程中使用建筑构配件、设备报验。

⑥ 检查进场的主要施工设备是否符合施工组织设计的要求。

⑦ 审查主要分部（分项）工程施工方案。

⑧ 施工前应报出创优计划和通病防治措施。

（2）事前控制的监理工作原则。

① 以施工及验收规范、工程质量验评标准等为依据，督促承包单位全面实现工程项目合同约定的质量目标。

② 对工程项目施工全过程实施质量控制，以质量预控为重点。

③ 对工程项目的人、机、料、法、环等因素进行全面的质量控制，监督承包单位的质量保证体系落实到位。

（3）事前控制的监理工作手段。

事前控制工作首先要注意对承包商所做的施工准备工作进行全面的检查和控制；另一方面应组织好有关工作的质量保证措施，还要设置工序活动的质量控制点，进行预控。

① 核查承包单位的机构、人员配备、职责与分工的落实情况。

② 督促各级专职质量检查人员的配备。

③ 检查承包单位质量管理制度是否健全。

④ 审查分包单位的资格及业绩情况。

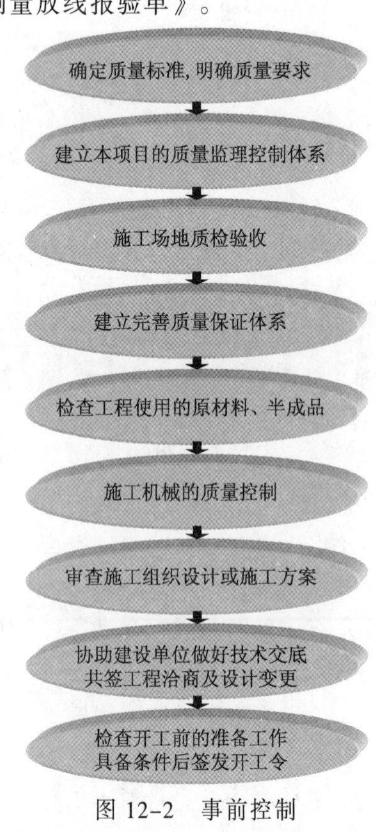

图 12-2　事前控制

⑤ 审查检验承包单位测量验放线成果。

⑥ 审查确认承包单位的材料报验及新材料、新产品的确认文件。

⑦ 审核签认建筑构配件、设备报验并检查进场主要施工设备。

⑧ 审定承包单位开工前报送的《施工组织设计》及主要分部（分项）工程的施工方案。

⑨ 参与设计交底与图纸会审。

4．质量控制——事中控制的措施和手段

（1）事中控制的监理工作内容。

① 对施工现场有目的地进行巡视检查和旁站，做到在施工初期即把质量问题消灭在萌芽状态。

② 核查工程预检，对合格工程准予进行下一道工序。对不合格工程下发《监理工程师通知》要求施工单位整改，合格后准予进行下一道工序。

③ 验收隐蔽工程。施工单位在自检合格的基础上上报监理工程师请求验收，合格工程准予进行隐蔽，对不合格工程下发《监理工程师通知》要求施工单位整改，合格后准予进行隐蔽。

④ 分项工程验收。施工单位在自检合格的基础上报监理工程师验收，对合格分项工程进行签认并确定质量等级。对不合格分项工程下发《监理工程师通知》要求施工单位整改，返工后按质量评定标准进行再评定和签认。

⑤ 分部工程验收。根据分项工程质量评定结果进行分部工程的质量等级汇总评定，对基础和主体分部工程还需核查施工技术资料并进行现场质量验收。

（2）事中控制的监理工作原则。

① 严格要求承包单位执行有关材料试验制度和设备检验制度。

② 坚持不合格的建筑材料、构配件和设备不准在工程上使用。

③ 本工序质量不合格或未进行验收不予签认，下道工序不得施工。

（3）事中控制的监理工作手段。

① 对施工现场有目的的进行巡回检查和旁站。及时地发现和纠正施工中存在的问题，对工程的重点部位和关键控制点进行旁站监理。

② 对承包单位申报的预检工程进行核查，对不合格的分项工程书面通知承包单位整改。

③ 在承包单位进行自检合格的隐蔽工程进行现场检测、核查，发现不合格的工程立即书面通知承包单位进行整改，合格后报监理工程师复查。

④ 验收承包单位自检合格的分项工程，发现不合格的工程立即书面通知承包单位进行整改，合格后报监理工程师复查确定质量等级。

⑤ 承包单位在分部工程完成后，监理工程师应在签认的分项工程评定结果进行分部工程的质量等级汇总评定。

（4）事中控制的监理工作程序，如图 12-3 所示。

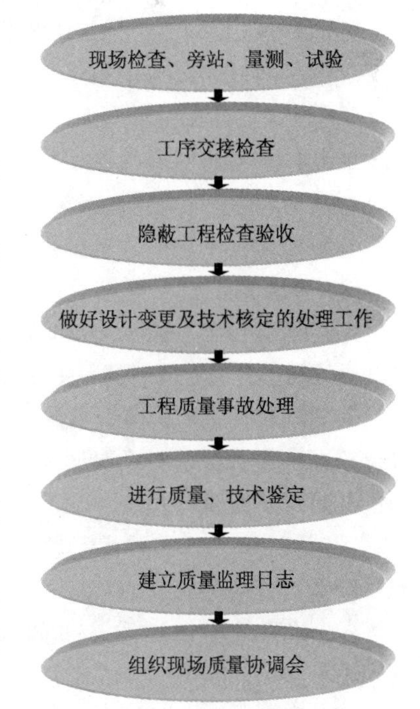

图 12-3　事中控制的监理工作程序

5. 质量控制——事后控制的措施和手段

（1）事后控制的监理工作内容。

① 组织工程竣工验收。

a. 当工程达到交验条件时，项目监理部组织各专业监理工程师对各专业工程的质量情况、使用功能进行全面检查，对发现影响竣工验收的问题，签发《监理工程师通知》要求承包单位进行整改。

b. 对需要进行功能试验的项目（包括无负荷试车），监理工程师督促承包单位及时进行试验。监理工程师认真审阅试验报告单，并对重要项目进行现场监督，必要时请建设单位及设计单位派代表参加。

c. 建设单位代表组织竣工验收工作。

d. 竣工验收完成后，由项目总监理工程师和建设单位代表共同签署《竣工移交证书》并由监理单位、建设单位盖章后，送承包单位一份。

② 质量问题和质量事故处理。

a. 监理工程师对施工中的质量问题除去在日常巡视、重点旁站、分项、分部工程检验过程中解决外，可针对质量问题的严重程度分别处理。

b. 施工中发现的质量事故，承包单位应按有关规定上报处理，总监理工程师书面报告监理单位。

c. 监理工程师对质量问题和质量事故的处理结果进行复查。

（2）事后控制的监理工作原则。

① 在施工过程中严格实施复核性检验。

② 严格进行对成品保护的质量检查。

③ 及时进行分部、分项工程验收。

（3）事后控制的监理工作手段。

① 当工程达到交验条件时，项目监理部应组织各专业监理工程师对各专业工程的质量情况、使用功能进行全面检查，对发现影响竣工验收的问题签发《监理工程师通知》要求承包单位进行整改。

② 对需要进行功能试验的项目（包括无负荷试车），监理工程师应督促承包单位及时试验。对重要项目进行现场监督，必要时请业主及设计单位代表参加。

③ 项目总监理工程师参与竣工验收的初验，并组织核查质量保证资料及会同业主、设计单位、承包单位共同对工程进行检查。

④ 针对施工中的质量问题的严重程度确定质量事故级别，分别处理。

⑤ 对质量问题和质量事故的处理结果进行复查。

（4）事后控制的监理工作程序（图 12-4）。

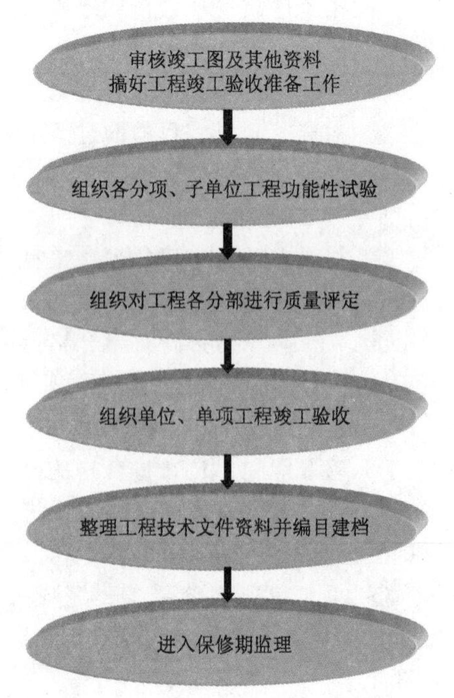

图 12-4　事后控制的监理工作程序

6．检验批、分项、分部工程质量验收监理流程（图 12–5）

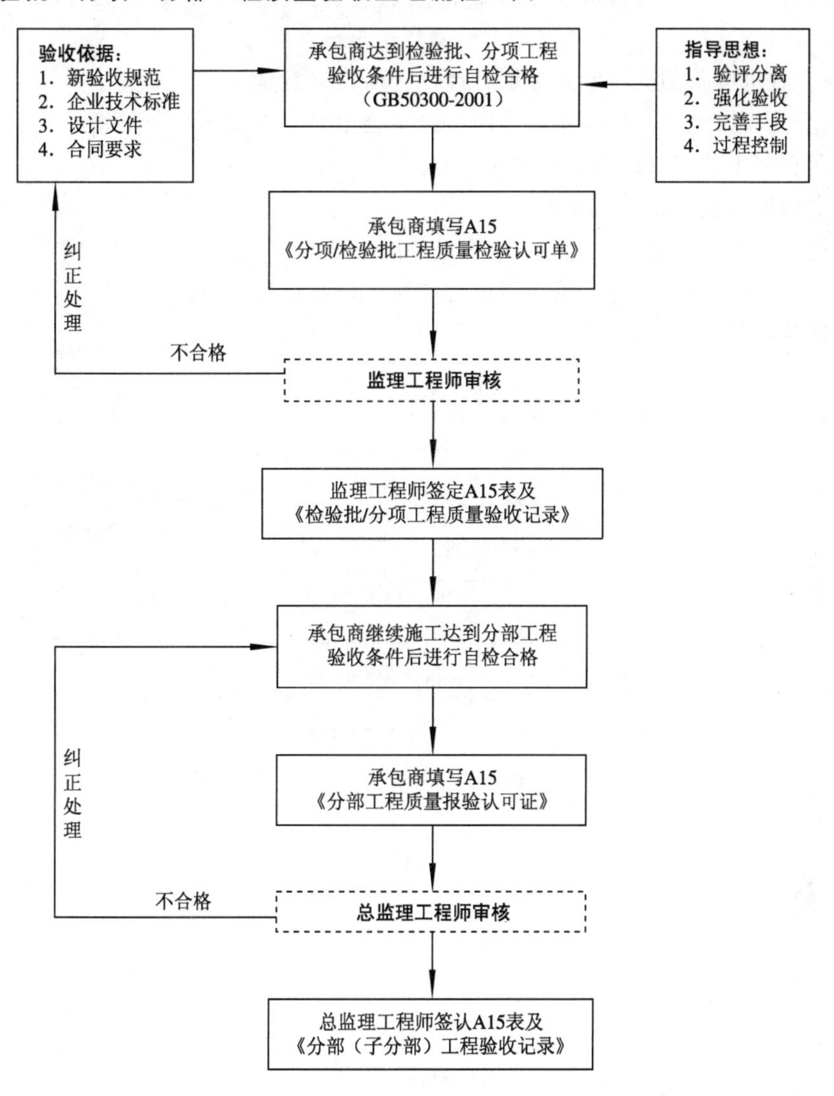

图 12–5　检验批、分项、分部工程质量验收监理流程

12.1.3　进度控制的措施和手段

1．进度控制的监理工作内容

（1）审批进度计划。根据工程的条件全面分析承包单位编制的施工总进度计划的合理性、可行性。根据季度及年度进度计划分析承包单位主要工程材料及设备供应等方面的配套安排。

（2）进度计划的实施监督。在计划实施过程中，对承包单位实际进度按周、月、季度进行检查，并记录、评价和分析。发现偏离及时要求承包单位采取措施实现计划进度的安排。其中周计划的检查和纠偏作为重点来控制。

（3）工程进度计划的调整。一发现工程进度严重偏离计划时，由总监理工程师组织各方召开协调会议，研究并采取各种措施，保证合同约定目标的实现。

（4）制定由业主供应材料、设备的需用量及供应时间参数，编制有关材料、设备部分的采供计划。

（5）为工程进度款的支付签署进度、计量方面认证意见。

（6）组织现场协调会，现场协调会印发协调会纪要。现场协调会职能：

① 协调总包不能解决的内、外关系问题。

② 上次协调会执行结果的检查。

③ 现场有关重大事宜。

（7）每周向建设单位报告有关工程进度情况，每月定期呈报监理月报。

2．进度控制的程序（图 12-6）

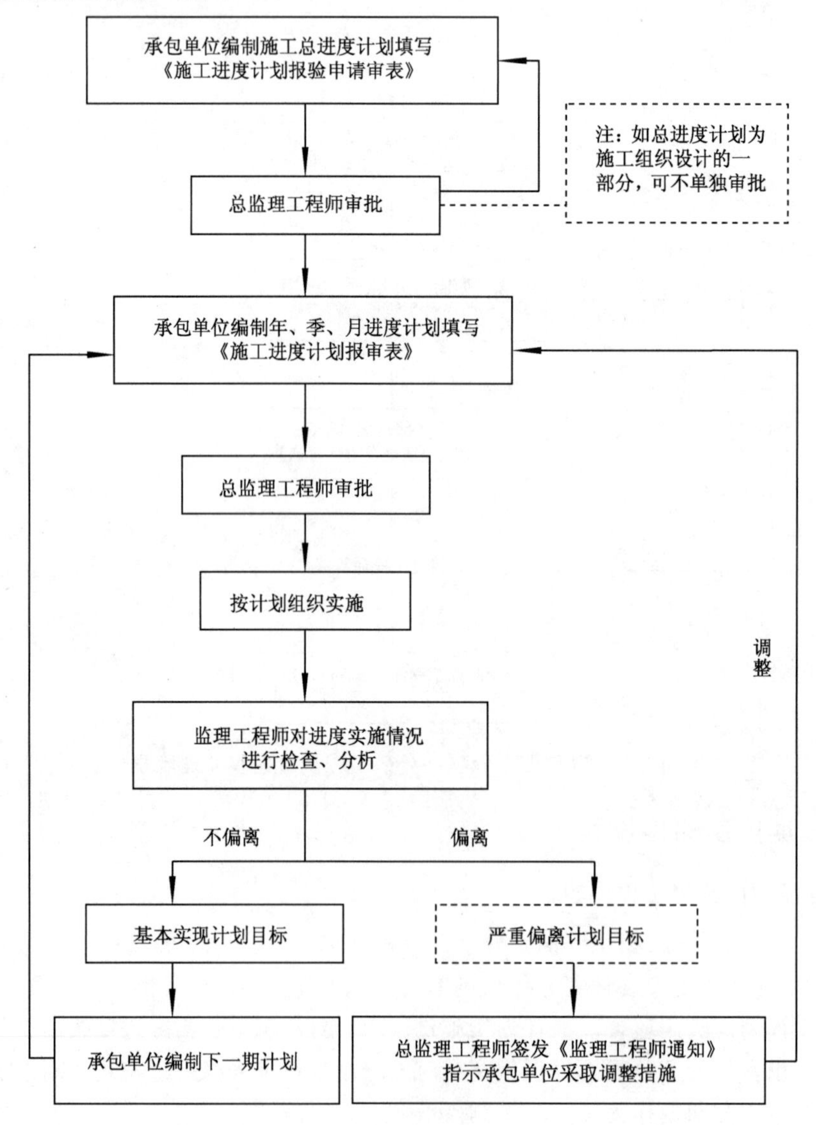

图 12-6　进度控制的程序

3．进度控制的监理技术、组织、经济及合同措施

（1）进度控制的监理技术措施。

① 监理在和业主充分研究后确定的总进度控制计划发给各施工单位。各施工单位、供货商按控制计划的要求编制实施进度网络计划，监理认真审核各计划的协调性和合理性。

② 制定由业主供应材料设备的需用量及供应时间参数，编制有关材料、设备部分的采供计划。

③ 事中检查控制。每月进行进度检查，动态控制和调整。并建立反映工程进度的监理日志、月报、进度曲线。

④ 工程进度的动态管理。实际进度与计划进度发生差异时，应分析产生的原因，提出调整的措施和方案，并相应调整施工、设计、材料设备供应和资金计划。

⑤ 组织好现场协调会。周协调会也相当于周计划检查会，重点解决各施工单位内部不能解决的问题。有问题必须抓住不放，务必解决。

（2）进度控制的监理组织措施。

① 建立健全监理组织机构，专人协调控制工程进度，完善职责分工及有关制度，落实进度控制的责任。

② 将进度目标分解，根据总进度目标编制年、季、月进度目标。

③ 确定进度协调工作制度，每周召开一次进度协调会。

④ 对影响进度目标实现的干扰和风险因素进行分析、预测，采取预防措施。

（3）进度控制的监理经济措施。

① 编制进度目标计划，确定进度控制点，对按时或提前完成者给予奖励。拖期完工者给予处罚。

② 合理支付赶工措施费。

③ 给业主编制详细的资金使用计划，使业主及早筹措资金保证资金供应。

（4）进度控制的监理合同措施。

① 协助业主签订一个好的合同，合同中涉及进度的条款字斟句酌，不出现不利于业主的条款。

② 做好工程施工记录，积累素材，为正确处理可能发生的工期索赔提供依据。参与处理工期索赔事宜。

③ 工作积极主动，为业主当好参谋，减少由于业主原因导致的工期延误。

④ 收集有关进度的信息，通过计划进度和实际进度的动态比较，定期向建设单位及有关单位提供比较报告，为正确的决策提供依据。

12.1.4　投资控制的措施和方法

1．投资控制的监理工作内容

工程项目投资控制监理的总任务就是在满足项目总投资计划要求下，明确各级投资控制目标，管理和审核不同阶段的工程量计量、工程款支付及审核，编制合理、高效的施工措施，并在执行过程中加以控制，对突破投资控制目标的情况提出调整、纠正措施，以求在项目建设中能合理使用人力、物力、财力，取得较好的经济效益和社会效益，以保证工程项目投资

控制在批准的计划内。

（1）在施工招标阶段，准备与发送招标文件、协助评审招标书、拿出决标意见。协助建设单位与承建单位签订承包合同。

（2）在施工阶段，审查承建单位提出的施工组织设计、施工技术方案和施工进度计划，提出改进意见。

（3）督促检查承建单位严格执行工程承包合同，调解建设单位与承建单位之间的争议。

（4）检查工程进度和施工质量，验收分部分项工程，进行工程计量，签署工程付款凭证。

（5）审查工程结算、提出竣工验收报告等。

2．投资控制的监理工作原则、方法和程序

（1）投资控制的监理工作原则。

① 应严格执行建筑工程施工合同中所确定的合同价、单价和约定的工程款支付方法。

② 应坚持在报验资料不全、与合同文件的约定不符、未经质量签认合格或有违约时不予审核和计量的规定。

③ 工程量与工作量的计算应符合有关的计算规则。

④ 处理由于设计变更、合同补充和违约索赔引起的费用增减，应坚持合理、公正。

⑤ 对有争议的工程量计量和工程款应采取协商的方法确定。协商无效时由总监理工程师做出决定。

⑥ 对工程量及工程款的审核应在建设工程施工合同所约定的时限内进行。

（2）投资控制的监理工作方法。

① 依据工程图纸、概预算、合同的工程量建立工程量台帐。

② 审核承包单位编制的工程项目各阶段及各年、季、月度资金使用计划。

③ 通过风险分析找出工程投资最易突破的部分、最易发生费用索赔的原因及部位，并制定防范性对策。

④ 经常检查工程计量和工程款支付的情况，对实际发生值与计划控制值进行分析、比较。

⑤ 严格执行工程计量和工程款支付的程序和时限要求。

⑥ 通过《监理工程师通知》与建设单位、承包单位沟通信息，提出工程投资控制的建议。

⑦ 严格规范地进行工程计量：

a．工程量计量原则上每月计量一次，计量周期为上月26日至本月25日。

b．承包单位每月26日前，根据工程实际进度及监理工程师签认的分项工程，填写《**月完成工程量报审表》报项目监理部审核。

c．监理工程师对承包单位的申报进行核实，所计量的工程量经总监理工程师同意，由监理工程师签认。

d．对某些特定的分项、分部工程的计量方法由项目监理部、建设单位和承包单位协商约定。

e．对一些不可预见的工程量，监理工程师会同承包单位如实进行计量。

⑧ 加强工程款的支付控制：

a．根据承包单位填写的《工程预付款报审表》，由项目总监理工程师审核签发《工程预付款支付证书》，并按合同的约定及时抵扣工程预付款。

b．监理工程师依据合同按月审核工程款（包括工程进度款、设计变更及洽商款索赔款等），并由总监理工程师签发《工程款支付证书》报建设单位。

⑨ 及时完成竣工决算：

a. 工程竣工经建设单位、监理单位、承包单位验收合格后，承包单位在规定的时间内向项目监理部提交竣工结算资料。

b. 监理工程师及时进行审核并与承包单位、建设单位协商协调，提出审核意见。

c. 总监理工程师根据各方协商的结论，签发竣工结算《工程款支付证书》。

d. 建设单位收到总监理工程师签发的结算支付证书后，应及时按合同约定与承包单位办理竣工结算有关事项。

3. 投资控制的基本程序

月工程量计量和支付的基本程序如图 12-7 所示。

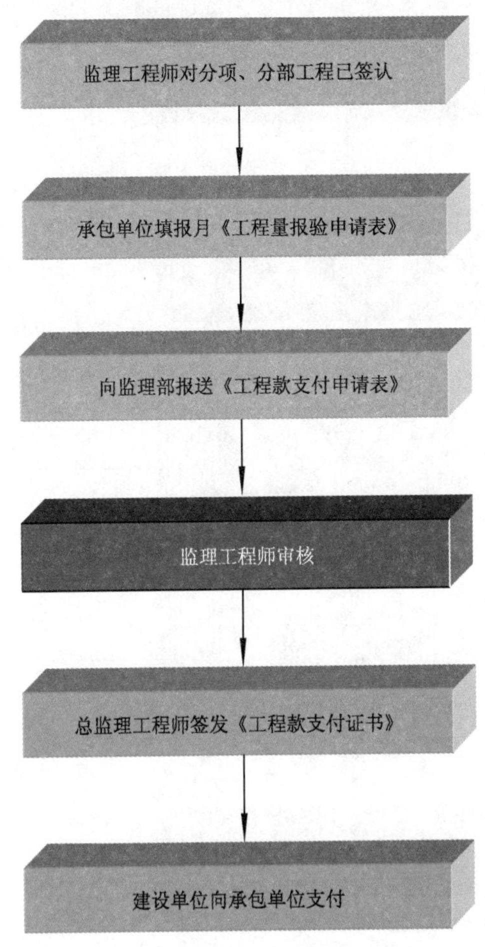

图 12-7　投资控制的基本程序

4. 工程变更控制、预算外费用签证控制与处理、费用索赔的处理方法

首先，应力求使工程变更在设计阶段解决，严格控制施工过程中的设计变更。对工程变更、设计修改等事项，应实现进行技术经济合理性预分析，如发现与原投资控制计划有较大差异时，应书面向业主报告并与业主及设计人员协商处理。工程变更程序流程如图 12-8

所示。

（1）工程合同变更的要求可以由业主、监理工程师、承建方提出，但必须经过业主的批准签字后才能生效。根据合同条款，如监理工程师认为确有必要变更部分工程的形式、质量或数量或处于合适的其他理由，应在征得业主同意后由项目总监向承建商发出变更指令。如果这种变更是由于承建商的过失或违约所致，则所引起的附加费用由承建商承担。

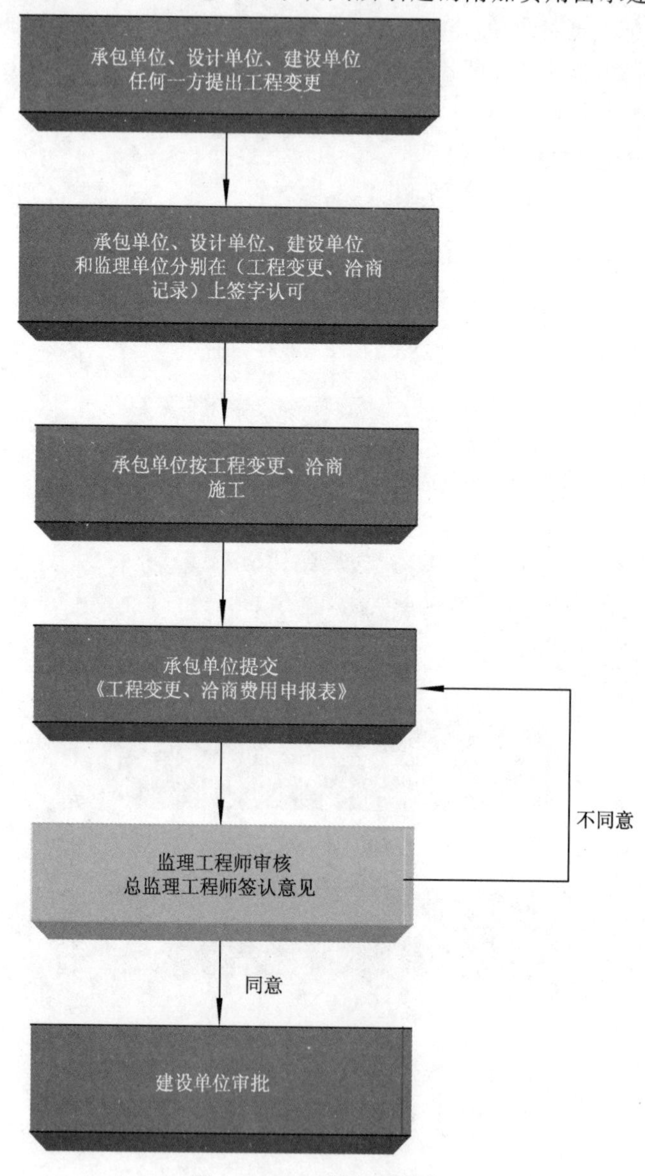

图 12-8　工程变更程序

（2）工程变更的指令必须是书面的，如因某种特殊原因，监理工程师可口头下达变更令，但必须在 48 小时内予以书面确认。项目总监在决定批准工程变更时，要求征求业主的意见并确认此变更属于本工程项目合同范围，此项变更必须对工程质量有保证，必须符合规范。

（3）凡一般因图纸不完善所造成的设计变更，或分项工程变更所引起的投资增减在 2 万元以下（本额度需与业主协商而定），由项目总监会同项目监理部处理，并由项目总监征求业主意见后发出变更指示；对设计漏项，变更技术方案和技术标准，以及因地质条件引起的基础、结构设计的变更等，不论其投资增减情况，均应由项目总监上报业主并会同设计方共同处理，并报监理部备案。

（4）合同变更的估价由项目总监按合同条款的有关规定会同项目监理部进行，并报业主认可。由项目总监书面通知承建商并留副本备案，为了中期进度付款方便，项目总监可根据合同条款规定定出临时单价或合价，但必须经业主同意批准。

（5）工程变更必须经监理单位签认后，承包单位方可执行。

（6）工程变更的内容必须符合有关规范、规程和技术标准。

（7）工程变更填写的内容必须表述准确、图示规范。

（8）工程变更的内容及时反映在施工图纸上。

（9）分包工程的工程变更通过总承包单位办理。

（10）工程变更的费用由承包单位填写《工程变更费用报审表》报项目监理部，由监理工程师进行审核后，总监理工程师签认。

（11）工程变更的工程完成并经监理工程师验收合格后，按正常的支付程序办理变更工程费用的支付手续。

12.2　合理化建议

根据乙方改扩建（一期）工程监理项目的特点，我公司在研究建设单位提供的有关技术资料的基础上，特提出以下需要注意的几个问题和建议，供建设单位参考：

一、监理方与各方的关系

监理单位受招标人的委托，提供技术、经济、管理、咨询服务，与招标人是平等主体关系，并不是雇用的关系，是合同管理的执行者，维护施工合同双方的合法权益；与承包商的关系是监理和被监理的关系，对承包商实行热情帮助、严格监理，达到预期的同一目标。

二、对招标人的建议

（一）招标人的义务：

1. 负责工程建设中所有外部关系的协调，为监理工作提供外部条件。

2. 对监理单位书面提交并要求作出决定的一切事宜应在规定限期内作出书面答复。

3. 招标人将授予监理单位的监理权利，以及监理机构主要成员的职能分工，应在与被监理单位签订的合同中予以明确。

4. 向监理机构人员提供现场办公及住宿用房、办公桌椅、床铺，并提供搭伙条件或便利条件。

5. 向监理机构提供与工程有关的工程资料（设计图纸、地质勘察报告、施工合同、工程预算等）。

（二）有关建议：

1. 招标人和承包商的任何与工程有关的联系，均必须先通过监理方再传达给对方；

2. 凡监理方严格执行施工验收标准，按合同实施监理且与施工方有冲突时招标人应给予大力支持；

3. 本工程若有招标人供应的材料，我方仍应严格把关，不合格材料或三无产品拒绝用于工程；

4. 为顺利实现监理目标，招标人应授予监理方工程量复核、工程款支付的签证权；

5. 建议对施工单位的某些错误操作，屡教不改的，给当事人一定的处罚，具体可再议。

12.3 费用报价分析汇总表

工程名称：乙方改扩建（一期）工程

序号	费用名称	单位	计算依据	单价/元	数量	合价/万元
1	人工费	项				22.0728
2	设施设备购置使用费	项				2.2000
3	管理费	项				4.3000
4	税　金	项				3.8000
5	利　润	项				4.4152
监理费合计			40.052 万元			
降价后最终报价			40.052 万元			
报价依据和说明及监理服务费调整的条件和办法(可另附页): 报价依据：浙价服[2007]126 号文件，监理降价部分主要从管理费和利润中优惠。						

投标单位(盖章):

法定代表或授权代表(签字):

2015 年 11 月 22 日

参考文献

[1] P BROOKS FREDERICK. 人月神话[M]. 北京：清华大学出版社，2015.

[2] W S HUMPHREY. 软件工程规范[M]. 北京：清华大学出版社，2003.

[3] GREENE JENNIFER. HEAD FIRST PMP. 2 版[M]. 北京：中国电力出版社，2012.

[4] 柳纯录，等. 信息系统项目管理师教程[M]. 北京：清华大学出版社，2015.

[5] 朱少民，韩莹. 软件项目管理[M]. 北京：人民邮电出版社，2009.

[6] 韩万江，姜立新. 软件项目管理案例教程[M]. 北京：机械工业出版社，2012.